优等生

李巍 陈筱芝 著

青岛出版集团 | 青岛出版社

图书在版编目（CIP）数据

优等生/李巍, 陈筱芝著.—青岛:青岛出版社,2022.1
ISBN 978-7-5552-2614-7

Ⅰ.①优… Ⅱ.①李… ②陈… Ⅲ.①财务管理—青少年读物
Ⅳ.①TS976.15-49

中国版本图书馆CIP数据核字（2021）第190895号

YOUDENG SHENG

书　　名 优等生
作　　者 李　巍　陈筱芝
出版发行 青岛出版社
社　　址 青岛市崂山区海尔路182号（266061）
本社网址 http://www.qdpub.com
邮购电话 18613853563　0532-68068091
策　　划 马克刚　贺 林
责任编辑 李文峰
特约编辑 孙昭月
校　　对 邓　旭
装帧设计 蒋　晴
照　　排 王晶瓔
印　　刷 天津联城印刷有限公司
出版日期 2022年1月第1版　2022年1月第1次印刷
开　　本 32开（880mm×1230mm）
印　　张 8.75
字　　数 165千
书　　号 ISBN 978-7-5552-2614-7
定　　价 49.80元

编校印装质量、盗版监督服务电话 4006532017　0532-68068050

让孩子突破人生上限，去过自己想要的生活。

名人推荐

李巍老师的这本书的出版，是对像我一样的千千万万父母的一大贡献。我们未经培训就上岗成为父母，未经培训就承担起这个世界上最重、最关键的责任，未经培训就要影响未来世界主人翁的一生。回头这么一看，再看看自己日常管教孩子时的“嘴脸”，不禁倒吸一口凉气：朋友，谁给你的勇气，让你觉得自己有资格管教他们？有一句话说得好：你的孩子从来不会成长为你希望的样子，他们只会成长为你的样子。而李巍老师的这本书，就立足于这一点，不是让父母学一些似是而非的道理去要求孩子，而是先给父母提要求，让父母用更成熟、更先进的理念来调整自己，然后带动孩子、影响家庭。所以，这是一本家长必读、必实践的好书。

——得到 APP 和罗辑思维联合创始人兼 CEO　脱不花

到今天，我的父亲大家认为是非常成功的企业家，可是从家庭的角色来看，我觉得我母亲更是成功的人。这么多年来，我母亲很关注我的财商培养，让我在这个充满不确定性的社会，能够不断地在为家庭创造物质的基础上，学会巩固、突破和创造财富。正是因为我是财商培养的受益者，所以我也在培养孩子的财商。我相信，掌握财商密码的孩子，人生最低限度是能够确保有质量的生活，也能创造无限的更多的人生可能。如果你期望孩子未来更好，欢迎来读这本书。

——新希望集团董事 新希望六和董事长　刘畅

过去我一直认为，要成为一位优秀的金融人才，大学的理论基础和专业知识学习是不可或缺的。而《优等生》认为，培养孩子拥有变现的能力才是关键，财商是孩子对抗风险的重要能力。这是一种独特的思维和主张。我推荐《优等生》，希望父母们多一些思考，多一些选择。

——中国金融学会常务理事　马蔚华

孩子的成长过程中，好的学习成绩不是唯一的目标和出路，尽早具备财商意识也相当重要。李巍和陈筱芝两位老师在作品中深入浅出地阐释了财商理念，这是一本适合大多数家庭阅读，并帮助孩子实现思想进阶的好书。

——混知创始人　陈磊（混子哥）

序　言

从今天起，跟孩子谈谈钱吧

1

最近，我看到了几则关于钱的新闻：

两个孩子骗过奶奶给游戏充值，花掉了父亲22万元的死亡赔偿金；一个在校大学生以多个同学的名义，在校园网络金融贷款平台贷款数十万元赌球，最终无力偿还，跳楼自杀；一教师打赏主播30万元，花光了积蓄，被主播拉黑后自杀……

如果你留意，会发现这样的新闻特别多。小孩对钱没概念，大人花钱无节制，酿成悲剧无数。

日常生活中，还有太多人正在因为钱而苦恼、焦虑、迷茫，甚至绝望。

虽然谈钱很俗，但我们必须承认，钱是人生中极其重要的一个关键词。而这件事情，多数人是在长大成人后才明白的。

中国有很多家长，避讳跟孩子谈钱，不愿让孩子从小就“沾上铜臭气”，以为孩子长大了，自然就懂了。

这是一个很大的误区。

钱其实是一个非常复杂的概念。我们如何赚钱、如何花钱、有没有必要省钱、需不需要攒钱……其中蕴含着丰富的知识和深刻的道理。

一个从小就对钱没概念的人，不可能在毕业后立刻就对钱了如指掌、应对自如。

这也是社会上会出现那么多和钱相关的悲剧的原因之一。

如何与钱打交道是一门学问。

现在有个专有名词叫“财商”。家长一定要当好孩子财商教育的第一任老师，尽早引导孩子树立科学的财富观。——既然钱这么重要，家长为什么不早点儿教孩子认识它、掌控它呢?

2

家长对孩子的财商教育，可不是拼命地告诉孩子“咱家穷，要省着点儿花钱”，而是要让孩子懂得关于财富的知识、对待财富的正确态度、获取财富的能力，最终使他能比较好地应对关于钱的事情。

家长具体该怎么做呢？这正是本书要告诉你的。书里会用通俗易懂的故事和道理，让你学会如何培养孩子的财商。

我有一个关于这方面的小经验想跟大家分享。

我爸是个很有智慧的人。他肯定不懂什么是财商教育，但在我很小的时候，就明确地告诉我家里的收支状况。比如，每个月他和我妈的工资是多少，几号发；每个月我家的消费大概是多少，如米、面、油、肉等分别是多少钱一斤，一个月全家大概要吃多少；每个月我家要缴纳多少电费、买多少日用品；他和我妈要攒多少钱来缴纳孩子的学费、买比较贵的电器……

所以我从小就特别清楚家里的经济状况，经常在心里默默地算：家里这个月还有多少钱，能不能撑到下次爸妈发工资，或是到年底能不能攒够买冰箱的钱……

我现在回想起来，觉得我爸应该是对我有所保留的，故意把家里的钱说少了。但这确实让我从小就对钱有着比较清晰的概念，知道过日子都需要花什么钱、如何控制各种花销，做到既不抠门，也不会挥霍无度。

以前，我一直以为所有家庭的开支都是这样透明的，孩子也都像我一样是和父母一起算着花钱的。直到上了大学，我才发现同学们大多不太清楚家里的收支状况，对钱也没有概念。

有个男生想买两千多元的名牌鞋，找他的父母要 3 000 元。可父母还是负债状态，只能勉强凑出 500 元……据说这个男生买了那双鞋之后，一个月都没钱吃早饭。

这个家伙当然是自讨苦吃，但我觉得他的父母在教育孩子上也是有些失职的。

我认识一对父母，跟孩子非常亲密，但就是对孩子把家里的经济状况瞒得死死的。

“为什么就是不告诉孩子呢？”我不解。

这对父母的答案是“不想让孩子操多余的心”。

我哭笑不得，这哪是操闲心啊？这是孩子必须了解的知识啊。

3

现在有很多家长，对孩子的教育真的太单一了——“学习好就行了，别的都不用管”。

我见过名校毕业的博士创业，最后赔得倾家荡产；也见过世界500强公司里的优秀员工月月入不敷出，借钱买奢侈品。

一个学习成绩优异、智商很高的人，未必会有高财商。

学校、公司里的“优等生”，也未必能成为人生的“优等生”。

“前程”不等于“钱程”。社会生活才是检验一个人的财商高低和家长的教育成果的最终标准。而这个标准，是综合性的。

罗伯特·T·清崎在《穷爸爸富爸爸》中说：“人们在财务困境中挣扎的主要原因是他们在学校里学习多年，却没有学到任何关于金钱方面的知识。”

而那些没有在学校和家庭里学到金钱方面的知识的孩子，可能要在社会上接受一个又一个教训，最后才能被残酷的现实，被奸商、骗子、债主慢慢地教会树立正确的财富观。

这过程何其痛苦，我们可想而知。

在一定程度上，这其实不能怪孩子，是家长的认知缺陷导致教育出现了漏洞——缺少财商教育。

家长要对孩子进行财商教育，既不能把一个生机盎然的孩子，培养成一台冰冷的赚钱机器，也不能让孩子对钱没有任何概念，最后活成疲于奔命的人，被贫穷死死地困住。

一个真正的人生的“优等生”，财商一定不能太低。

所以身为家长，我们必须得明白一件事：不求孩子非得赚大钱，但起码要让他对钱有概念，懂得好好地赚钱、科学合理地用钱。

首先，这就需要我们做家长的，必须是懂财商的家长。

而让家长懂财商，也正是本书的最大价值之一。

这本书的作者之一，李巍，是著名的新希望集团的联合创始人，新希望集团董事长刘永好的夫人。从一无所有到创下百亿身家，她对财富的认知，比常人更清晰。所以她写下的内容，也格外有说服力。

相信正在读本书的你会受益。

李月亮

目录

目录

目 录

第一章

父母努力的意义：让孩子过上好的生活

有一家公司发布了招聘运营总监的信息。

运营总监的岗位要求很多要具备高超的谈判和人际交往技巧，要具备医学、金融、烹饪、艺术等知识，还要具备在混乱环境中工作的能力；工作时间是每周 7 天，每天恨不得 24 小时随时待命，不但没有正常的假期，一到节假日工作量反而会大大增加；由于工作性质特殊，还要等到团队其他成员吃完饭以后运营总监才能吃饭；这个岗位牺牲最大的一点是，如果工作需要，运营总监要放弃私生活。

这个岗位有如此苛刻的条件，应聘者若应聘成功能获得什么呢？

如此高要求、高工作强度、不一定有成就感的工作，是不是工资很高呢？

面试官的回答极大地打击了应聘者："无法确定是否会从合作伙伴那里得到应有的认可。"

而且这份工作没有工资！

应聘者表示无法接受条件如此苛刻的岗位，认为根本不会有人愿意接受这样的工作。

但当这些应聘者得知，世界上有过亿的人从事着这份工作时，惊呆了。

工作者全年无休、24 小时待命、没有假期、没有薪水……还不一定会得到合作伙伴的认可！

世界上怎么会有这种工作呢？

有！这份工作就是做父母！

无论家庭条件怎样，父母对孩子的爱是毋庸置疑的。我们付出所有的努力，就是期望孩子过得好，甚至过上比我们目前更好的生活。

作为父母，我们已经如此努力了，孩子超越我们的可能性到底有多大呢？让我们来看看下面的数字：

美国约翰斯·霍普金斯大学对 790 个孩子进行了长达 25 年的跟踪调查，目的是了解孩子超越原生家庭的可能性。

调查数据显示：超过 4% 的孩子（33 位）实现了圈层逆袭，未来成为高收入群体；超过 2.4%（19 位）的较富裕家庭的孩子陷入了贫困状态之中；将近 50% 的孩子，与父母处于同一个社会层次。

图 1 是孩子和父母处于同一社会层次的可能性的调查统计图。图中系数越低，表明社会流动性越好，孩子超越家庭所在层次的可能性就越大。

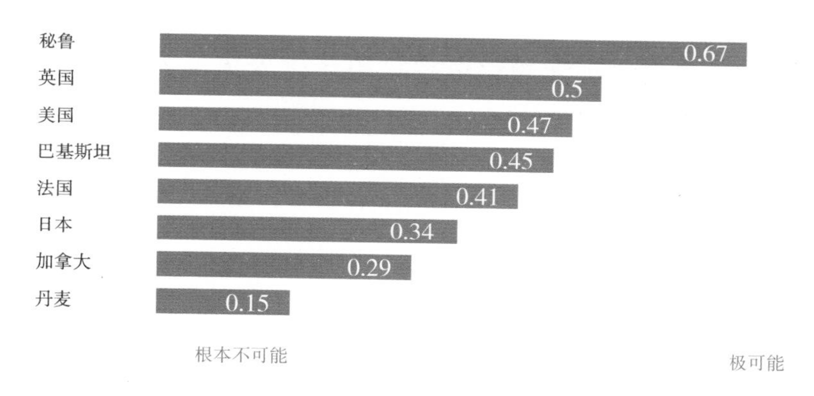

图 1　孩子和父母处于同一个社会层次的可能性的调查统计图

有调查结果显示，中国的社会流动性高于美国，这意味着我们的孩子实现逆袭的可能性高于美国。

时代给了普通孩子逆袭的机会，通过两代人的努力，孩子将有机会超越原生家庭。正因为如此，世界上才会有“寒门出贵子”“圈层逆袭”等现象出现。

努力不会白费，生活对父母所付出的努力的回馈，就是让孩子拥有美好的未来。

教育赛道：你为什么要让孩子上好大学?

获得良好的教育，是孩子实现社会层次上升的重要方式之一。

高考，是父母对家庭教育投资进行验收的重要节点之一。

孩子收到知名高校的录取通知书时，父母会庆祝家庭教育取得了阶段性胜利。

高校和高校之间有条看不见的鸿沟，高校被泾渭分明地分成了双一流、普通本科、专科等多个等级。名校效应会在一定程度上体现在这些学生日后走上社会后的工资的差别上。

在对中国高校毕业生就业质量的研究中，有两项重要指标显示了高校之间的差别。

就业率：就业率越高，表示市场对专业需求度越高；

平均薪酬：表示用人单位愿意为该校学生支付的工资水平。

表 1 为部分中国高校毕业生 2020 年平均薪酬情况。

表 1　2020 年中国高校毕业生薪酬指数排名

薪酬指数排名	学校名称	类型	所在地	是否 985 院校	是否 211 院校	薪酬指数	毕业生平均薪酬（元）
1	清华大学	理工	北京	√	√	86.9	10 818
2	北京大学	综合	北京	√	√	86.7	10 698
3	上海交通大学	综合	上海	√	√	86.5	10 673
4	对外经济贸易大学	财经	北京	0	√	86.4	11 028
5	北京外国语大学	语言	北京	0	√	86.3	10 922
6	外交学院	语言	北京	0	0	86.3	10 688
7	浙江大学	综合	浙江	√	√	86	10 461
8	中央财经大学	财经	北京	0	√	85.8	10 065
9	上海外国语大学	语言	上海	0	√	85.8	10 394
10	中国人民大学	综合	北京	√	√	85.5	10 467
11	复旦大学	综合	上海	√	√	85.4	10 259
12	同济大学	理工	上海	√	√	85.3	10 338
13	上海财经大学	财经	上海	0	√	85.2	10 122
14	北京航空航天大学	理工	北京	√	√	84.9	10 168
15	国际关系学院	政法	北京	0	0	84.9	9 893
16	华南理工大学	理工	广东	√	√	84.8	10 034
17	中山大学	综合	广东	√	√	84.7	9 923
18	东华大学	理工	上海	0	√	84.7	10 231
19	中国科学技术大学	理工	安徽	√	√	84.7	9 760
20	上海对外经贸大学	财经	上海	0	0	84.7	10 040

（数据来源：中国薪酬网）

有统计结果显示，最高学历群体比高中学历群体的平均收入高出整整 6 倍。

显而易见，让孩子考上好大学，是家庭教育投资的最优选择。

稳定误区：找一份长久稳定的工作

瘦瘦小小的 J 同学是个标准的女学霸。

在她选择专业和就业方向的问题上，我们和她的妈妈有如下交流：

她的妈妈对她的期望是：“女孩子读一所好大学，找一份稳定工作就好。”

我们问她的妈妈：“什么是稳定的工作呢？”

她的妈妈回答：“像公务员、老师那样的职业就很稳定。”

既然父母希望孩子长大能有一份“稳定”的工作，就让我们来看一下孩子获得“稳定工作”的概率有多大。

通过表 2，我们来看一组数据：从 2009 年到 2015 年，我国每年招录的公务员数量是 13 万 ~ 20 万，每年毕业的学生数量是 900 万左右，孩子成为公务员的概率是 2% 左右，其他毕业生是否能够过上“稳定”的生活呢？

表 2　2009–2015 年全国招录公务员情况

年份	人数
2009 年	13 万余人
2010 年	18 万余人
2011 年	19 万余人
2012 年	18.8 万余人
2013 年	20.4 万余人
2014 年	20.24 万余人
2015 年	19.4 万人

数据来源：人力资源和社会保障部网站
编辑制表：《中国经济周刊》采制中心

在中国，有各种各样的创业班，学员们学历不同（从初中到博士研究生），年龄不同，经历不同，却都在一个创业班里学习。

20 世纪 80 年代出生的 Y 先生，身材瘦小，为人谨慎，高中毕业后就走上社会打拼，如今已经是拥有数家中餐馆、烧烤加盟店的连续创业者，还在不断拓展更多的商业模块。虽然他学历起点并不高，但仍然能够为整个家庭提供强大的财务支撑，做着自己想做的事情，追求自己的梦想。

像Y先生这样的人很多。他们通过不断奋斗，抓住人生机遇，从而让父母、爱人和孩子过上富足的稳定生活。

稳定是一种状态，是能力赋予人的信心。

世界上从来就没有绝对稳定的平台可言，快速发展的社会持续冲击着我们的“河堤”，在经济退潮的时候，唯有堤坝稳固的人才能“存活”下来。

创立于1850年的雷曼兄弟公司[①]曾经是华尔街第四大投资银行，却在2008年的次贷危机加剧的形势下被迫申请破产保护。

在面临市场风险的时候，强大如雷曼兄弟公司，最终也没有扛过金融风暴的冲击，成为美国破产申请史上实力最雄厚的一家公司。

在2020年上半年，新冠肺炎疫情成为全球最大的“黑天鹅事件[②]”，引起系列停飞、停工、停产等效应，波及科技、互联网、餐饮、住宿、文娱、传媒、零售等行业。面对巨大的财务压力，耐克、维珍航空、太阳马戏团等公司，纷纷采用裁员的方式以求自保。最终，新冠肺炎疫情的“黑天鹅危机”被传导到具体的每个员工身上，给他们的家庭财务状况造成了很大的影响。

---

① 雷曼兄弟公司，是为全球公司、机构、政府和投资者的金融需求提供服务的一家全方位、多元化投资银行。

② 黑天鹅事件，指难以预测，且不寻常的事件，通常会引起市场连锁负面反应。

唇亡齿寒，一旦就业的平台不稳固，我们想要的稳定工作便无从谈起。

想要孩子拥有稳定的未来，我们不能把希望寄托于平台上，而是应该期望孩子拥有获得稳定生活的能力。

事实证明，人们想要稳定的生活，靠谁都不如靠自己来得实际。

有能力的人，在哪里都能稳定；没能力的人，在哪里都不稳定。

财务基础：自由选择人生的底气

我们对孩子成为“优等生”的期盼，是源于内心对人生选择权的渴望。

“优等生”拥有比普通孩子更多的人生选择权，可以选择自己想过的生活，而不是被迫谋生。选择人生和被迫谋生，分别戳中我们的痒点和痛点：一个是内心追求的梦想，一个是迫于无奈的现实。

拥有选择人生的权利是许多人穷尽一生想到达的终点，被迫谋生却是人们想逃离的底线。

家人生病是成年人绕不过去的坎，而工作竞争是成年人要直面的另外一道坎。

不单单为了生存而工作是许多成年人的梦想。觉得工作不顺心，说辞职就辞职的人通常有两个特征：要么家庭条件好，短时间内不工作也无所谓；要么自身条件比较好，随时可以找到工作。

职场中离职率最高的是新人（初入社会的人），最低的是老员工（40 岁左右的人）。

张爱玲说："中年人最孤独，抬起眼周围都是依靠你的人，自己却无所依靠。"

40 岁左右的人，正好面临"上有老、下有小"的人生高压期。对他们来说，家长的责任成为阻拦自己任性而活的重要原因。在没有充足的经济条件支持的情况下，"率性而为"已经成为人们的奢望。很多有个性的年轻人，在选择面变窄的现实面前，慢慢地变成了豁达的中年人。

选择，就是我们根据自身经验做出趋利避害决策的过程，我们往往期望以最小的代价获得最大的利益。我们拥有的资源越多，人生的选择面就会越广。年龄、经验、财富等因素，就是我们做选择时的评估资源。

年轻人拥有年龄优势，所以拥有说辞职就辞职的底气；失去年龄优势的中年人，如果没有财富优势加持，当面对周围要依靠自己的家人时，实在很难拥有任性的底气。

对于生活中的苦难，小孩子才有选择逃避的权利，有责任

的成年人只能去面对问题。

有人说："世人慌慌张张，不过图碎银几两，偏偏这碎银几两，能解世间万种慌张，保老人晚年安康、稚子入得学堂、你我柴米油盐五谷粮。远离世事艰辛，偏就要靠这碎银几两。"

金钱是生活稳定的重要前提。面对父母、爱人和孩子，每个肩负家庭责任的人都应该明白，拥有坚实的财务基础才能拥有对生活的底气。

人生出路：普通孩子如何过上向往的生活？

父母产生对孩子的教育意识，是从认识到自己的孩子很普通开始的。

世界上大部分人是普通人。我们可能就是普通的父母，孩子也可能是普通的孩子。

认清事实并不会让人沮丧，相反还会让我们降低对孩子的预期，这往往能提升孩子的幸福指数。

我们承认普通，并不意味着拒绝变得优秀。普通并不妨碍我们继续往前努力。我们要让孩子踩着我们奋斗出来的不同起点前行，期待他们过上更幸福的生活。

值得庆幸的是，社会向上的通道始终为每个人打开，只要方向正确、方法得当，每个孩子都有机会改变现状。

而财商教育恰好是其中一条重要的路径。

看到可能性：普通孩子也能成为“优等生”

消极的父母往往会说：“那是别人家的孩子。”

这一句话已经给孩子的人生设定了上限，否定了孩子成为“优等生”的可能性。积极奋斗的孩子，人生往往很精彩，精彩的原因通常是我们给孩子的心理暗示——“宝贝，你可以”。

信心来源于事实。让孩子坚信“我可以”最好的办法，就是让他们看到“其他人通过努力改变了现状”这一事实。

L 是一名销售员，高中学历，最早在一家汽车销售 4S 店[①]做前台接待人员。因为门店业务调整，他的名字出现在裁员名单上。为了能够留下来，他不得不去找主管：“我可不可以做销售员呢？”

主管很吃惊，因为销售人员是要和客户打交道的，对语

① 4S 店，Automobile Sales Servicshop，是集整车销售（Sale）、零配件（Sparepart）、售后服务（Service）、信息反馈（Survey）四位一体的汽车销售门店。

言表达能力要求很高，但是社交对L来说是弱项。考虑到他积极的意愿，主管思虑再三还是给了他一个机会。

时间一天天过去，这位表达能力不好、学历不高的男孩，不断努力向其他优秀销售员学习，认真琢磨客户的需求是什么、如何才能让客户买车。

别人只需要花一天工夫就能学会的销售技巧，他要花更多时间才能掌握。

因为不知道怎么才能打动客户，他只好采用最笨的办法——严格按销售人员服务流程来做事。比如，送客户离开时，即使客户已经开车走了，他仍然会对着离开的车子鞠躬送别。别的销售员笑他傻，他却说："有的客户是看不到，但我为所有客户都做了，总有客户会看到的。"

随后他超越了那些"聪明"的销售员，悬挂在办公室里的销售榜单显示：他以连续11个月获得月度销售冠军的战绩牢牢占据年度销售榜榜首。

能够为公司创造价值的人，才能成为公司最需要的人。销售冠军L，成功地把自己从被辞退名单中"除名"，进入公司核心员工名单，当然也顺理成章地获得了丰厚的回报。

在一次销售冠军经验分享会上，他说："我在这座城市里买了房、结了婚，还有不错的收入，现在生活得很幸福。"

现在的L成了"别人家的孩子"。这让我们看到了像他一样身处困境的人，通过不断努力去改变自己的现状，最后过上幸福生活的可行性。

社会发展为普通孩子提供了机会，尤其是在蓬勃发展的互联网时代，前期已经做好准备的人只需耐心静待风口出现，就能抓住机会乘势而上。在电商、新媒体、游戏、小视频等领域涌现出的新财富自由人，正在逐步呈现出年轻化和多元化的趋势。

越来越多有特殊才华的人，在科技的帮助下，凭借知识分享的方式，找到了把才华快速变现的方法。

竞争始终存在，既然我们无法回避，就要积极去面对，帮助孩子提前做好准备。

对做好准备的孩子来说，任何时代都是好时代。

底层逻辑：拥有资源变现的能力

今天，我们羡慕的别人的生活，有可能就是我们当年放弃的。

梅耶·马斯克是埃隆·马斯克的妈妈，活成了人们羡慕的榜样：自己事业有成，儿女社会地位也高，都在做着各自喜欢做的事情。

当年，她也曾面临诸多困难……

面临家暴，她勇敢地选择了离婚；面临抱起砖头就抱不起孩子的局面，她不得不打5份工来养活自己和3个孩子。

为了将来未知的生活，她是否要放弃现在稳定的事业？

她所经历过的人生选择，也是大部分人曾经面临的选择。

若干年后，她把“斜杠[①]”事业做得蒸蒸日上，在72岁的时候还成了全球知名媒体人。最后，她不仅成就了自己，还把3个孩子都培养成了亿万富翁，其中最有名的就是特斯拉公司创始人埃隆·马斯克。

梅耶·马斯克不仅仅让自己活成人生的“优等生”，也让孩子们成了“优等生”。

梅耶·马斯克对孩子的培养方式几乎是梅耶·马斯克的父亲对她的家庭教育的复刻版。梅耶·马斯克把从父亲那一代传承过来的教育方式，几乎全盘用在了自己的孩子身上。家庭文化通过她传递到下一代身上，她同样也把勇气和创造财富的能力一并传承了下去。

成长性的家庭，通过“模仿—改进—传递”的精进循环，让下一代在家庭已经完成的原始积累上继续实现上升。这种家庭中的孩子，在面对每一次的人生机遇时，都会沿着父辈传承给自己的、已经深入骨髓的意识做出最优选择。

从梅耶·马斯克到普通工薪阶层的父母，无论他们身处何种境地，都要思考如何培养孩子随时随地地将才华变现的能力。

---

① 斜杠，指拥有多重职业和身份的多元生活方式。

变现能力，是让孩子能够把自己所拥有的资源变成“产品”，再把“产品”转变成财富的能力。

变现能力主要分为两种。

第一种依靠平台，是指我们必须为组织工作而获得报酬的方式。从业人员必须进入某个组织，如销售、研发、生产、人力、行政、财务、管理、客服等领域。

依靠平台的工作，往往取决于平台能否提供工作机会。

2020 年的新冠肺炎疫情让美丽的莎拉·罗斯·夏普脱下了高跟鞋，换上工装靴，去做一名矿工，和一群身强体壮的男矿工一起工作。她这样做不是因为喜欢矿工工作，而是被迫谋生做出的选择。

莎拉·罗斯·夏普原本是澳洲维珍航空公司的一名空姐，自 2020 年新冠肺炎疫情暴发以来，许多航空公司经历了前所未有的挑战和损失。在经过多重努力后，她所在的澳洲维珍航空公司迫不得已地走到了大规模裁员这一步，近 8 000 名空乘人员失业，她不幸也成为失业人群中的一员。

失去工作后，她没有了收入来源，为了生活最终不得不选择去当一名矿工。

当公司陷入“经济衰退—消费下降—公司收入减少—缩减工作需求—个人失业—个人收入减少—控制消费”的循环中时，

首先要做的就是裁员。

第二种不依靠平台，是指主要靠我们自己的能力实现变现。比如，培训师、咨询师、作家、设计师、自媒体、视频制作人员等。

新冠肺炎疫情期间因无法外出拍摄，美食节目主播L就在家里拍做菜心得，更新短视频上传到网络上。没有想到，疫情让大量的人赋闲在家，看电视、上网等成为人们消磨时光的主要休闲模式，为家人做美食也是一件非常惬意的事情。短短两个月不到，关注他的粉丝数量增长迅速，他的收入不减反增。

只要市场有需求，我们的能力就能变现。

拥有变现能力是实现财富自由的底层逻辑。换句话说，孩子变现能力越强，实现财富自由的可行性就越高，孩子成为“优等生”的概率就越大。

无限未来：除了工作，孩子还有哪些发展方向？

我们在大学进行职业生涯规划的调查时发现，大部分学生是期望通过努力学习考取研究生来提高学历上的竞争力，去找一份好工作。

有个女孩却有不同的想法。她就读于一所普通的大专院校，不出预料的话，就业前景不是那么广阔。

当其他同学在努力复习考研究生时，她开始尝试做电商，选择销售 cosplay[①] 服装作为尝试的方向。由于没有经验和资源，刚开始的时候生意很惨淡，她就不断观摩其他人是怎么做的。一到周末她就跑到批发市场学习其他摊主卖东西的技巧，慢慢地生意有了起色，平均每个月有近 2 万元的收入。

大三时，她成立了团队扩大规模搞事业。毕业时，当其他人忙着去找工作时，她已经成立了自己的工作室，直接开始创业。

互联网时代，这种“普通”学生成功的励志故事变得越来越多。

L 同学，家境贫困，期望在上学期间找份兼职，解决

① cosplay，角色扮演，动漫真人秀。

生活费问题。

被逼到绝境的人会产生强大的思变动力，他发现，“懒”是一门好生意。大学生除了上课外，经常宅在宿舍里不想出门，他便尝试着通过帮同学买饭、取快递、代购等方式赚钱，业务从一间宿舍开始，最后扩展到一栋楼，很多有这方面需求的同学找他服务。

如果说共享单车是通过解决“最后一公里”的问题来赚钱，那么他就是通过解决“到床边”的问题赚钱。

随着业务越来越多，他一个人忙不过来，就组建了一支小团队，在不耽误学习的前提下，抽出个人的课余时间，依靠学校学生的强大需求量，不仅赚取了生活费，每个月还有盈余。

凭借嗅到的商机，L同学等人不仅摆脱了财务窘境，人生还渐入佳境。

机遇总是垂青站在风口的人。

知识迭代的速度非常快，这其中就隐藏着很多机遇，关键是我们要如何抓住它们。

在过去的10年、50年，甚至100年里，人们赖以谋生的方式发生了许多变化。

对我们父母那一辈人来说，有一份稳定的工作就是他们梦寐以求的事情，自由职业者和创业者都会被视为异类。

在我们的年代，从事一份稳定而高收入的工作是社会主流价值观，但创业的思维也逐步被大众接受。

在现今这个时代，人们创业的意愿越来越强。

科技发展如此之快，谁又能说，未来孩子只有“找到好工作”一条路呢？

现在涌现出了许多新的职业，如短视频制作者、主播、博主、脱口秀主持人等。未来的工作模式，也会出现许多项目合作制，如设计、新媒体、视频等。

变化中蕴藏着无限可能！

家庭更早地培养孩子将才华变现的能力，孩子就能快人一步地识别并抓住未来社会中存在的机遇，成为人生的“优等生”。

第二章

孩子成为“优等生”的前提：父母要改变的财商认知

如果一味地追求赚钱，人就会沦为赚钱的机器，失去享受人生的乐趣。**赚钱是人生的重要过程，但绝对不是人生的终极目标**。但孩子可以通过赚钱这一过程，实现一些人生的梦想。

深刻理解财商的本质的父母，早早就开始了对孩子的财商培养。孩子之间的人生差距通过时间被不断放大。

> “1964 年，格拉纳达电视公司对一群 7 岁的儿童进行了跟踪拍摄。这群儿童来自英国各地不同社会阶层的家庭，近 50 年来，我们通过一个极具开创性的独特系列影片，每隔 7 年就追踪报道一次这些人的生命故事。现在，他们都 56 岁了。”

这是《56UP》开篇的一段陈述。《56UP》是英国某电视台拍摄的一部时间跨度为半个世纪的纪录片，制作团队从孩子7岁开始就跟拍，一直持续到他们56岁，每隔7年报道一次。同一个导演陪同这些孩子从童年步入老年，跟踪记录了14个不同家庭背景下长大的孩子的人生轨迹。

整部纪录片真实地展示了不同的家庭对孩子采用的不同培养方式，记录了家庭教育如何影响孩子的人生轨迹，以及孩子在人生关键时刻会做出怎样的选择。

被拍摄的孩子大致来自三种家庭。

第一种是来自经济条件较好的家庭的约翰、安德鲁和查尔斯。

他们就读于私立学校，7岁就已经在看《金融报》，或者《观察家》等杂志，清晰地知道自己未来的规划。

> 上哪所高级中学？
>
> 读牛津大学还是其他知名大学？
>
> 未来要成为著名律师还是从事其他职业？

第二种是来自中产阶层的孩子。

他们的梦想是反对种族歧视、帮助有色人种上学读书，而对未来做什么类型的工作还不是特别明确。

其中，女孩子则更多地考虑长大后嫁人生子的事情。

第三种是生活在穷人区上寄宿学校的孩子。

他们的梦想非常朴素，有的孩子希望当驯马师以赚钱养家，有的只是希望能有机会见到自己的爸爸、吃饱饭、少被罚站、少被打。

经历了英国半个世纪的历史变迁后的孩子们，是否还在坚持自己最初的梦想呢？

记录显示，这14个被跟拍的孩子中，除了有精神疾病的尼尔，以及从小村子里考上了牛津大学物理学系的尼克外，其他的孩子长大后大多留在他们原有的家庭阶层。

富有家庭出身的孩子长大后仍然过着较为富裕的生活，出身较差的孩子也依旧平庸，艰难度日。

当年能够接受良好教育的孩子，按照他们既定的人生路线发展，就读于牛津大学法律系、剑桥大学法学院、杜伦大学历史系等英国排名靠前的高等学府，踏出校门后成为著名律师或其他领域的社会精英，生活优渥。

从纪录片中我们可以看到，父母把成功密码传授给自己的孩子，他们的孩子又沿着父母的成功路径不断前行，进入“好中学—好大学—好工作—好人生”的良性循环。

来自普通家庭的男孩子，比如农家子弟尼克，从牛津大学物理系毕业后去了美国，成了一所著名大学的教授，是这群孩子中唯一成功晋级精英阶层的人。

来自贫困家庭的孩子，长大后仍大多从事体力劳动类的工作，偶尔会面临失业的风险。他们的孩子极少能读到大学受高等教育，绝大多数从事了服务性质的工作。

财富阶层的变迁，在这部纪录片中被真实地记录了下来。

《56UP》末尾有这样一段话："看到一个孩子7岁时的样子，就能够刻画出他们长大后的样子。可见，孩子的现状受到父母认知和家庭环境的影响，要想让孩子未来有更好的发展，父母要先改变自己的认知。"

父母的榜样力量，将为孩子提供强有力的"路径依赖"。

家庭给孩子创造的成长环境，包括家庭教育资源、父母的认知和视野、生活品质和习惯、阅读的书籍、日常的对话、分析和处理事务的方法等。这就要求家长在孩子的成长教育中，不要被阶层观念束缚，要拓宽视野，提高认知，让孩子打破传统观念，努力实现进阶。

孩子未来的生活和财商管理能力有强相关性，如果父母能够正确认识财商培养的重要性，孩子将更加深刻地理解钱和梦想之间的关联，摆脱欲望对人的控制，让金钱成为追求自我生活的工具。

财商培养：不是富裕家庭的专利

学习财商不是富裕家庭的专利，它是每个孩子过上幸福生活的必需能力。

认为“有钱人是因为有钱才要学习财商，穷人没有钱不需要学习财商”的人，其实是对财商的理解产生了偏差。

美国的伊科诺米季斯一家用事实证明，财商是人人都用得上的技能，而且是能够帮助人改变命运的技能。

伊科诺米季斯一家被称为全美国“最节约家庭”，全家7口人的年收入约为3.3万美元，低于美国家庭年平均收入（有关统计数字显示约为4.3万美元）。美国当时的官方统计显示，一个普通 4 口之家每月光吃饭就要花费 709 美元，更何况是 7 口之家。这样低的收入能够维持基本生活就已经非常不容易了，他们想过上好生活的可能性几乎为零。

从家庭收入结构来说，男主人史蒂夫是家庭唯一的经济收入来源，女主人安妮特则是全职太太。伊科诺米季斯家的收入来源非常单一，一旦史蒂夫发生意外，这个家庭就会轻易陷入资金断流的困境。

按照正常人的思维，家庭收入这么低，还要抚养几个孩子，伊科诺米季斯一家在经济上势必会捉襟见肘。事实却让人感到意外，伊科诺米季斯一家不仅生活得很好，还买下了一套含有 5 间卧室的房子，经过努力基本还清了买房的贷款，房子目前还升值了一倍之多。

伊科诺米季斯一家的情况被报道出来后，让许多人感到非常好奇：他们是如何摆脱困局的？

在对伊科诺米季斯一家深入了解后，大家发现，因为家庭收入低，他们就通过控制下游水量（低消费）的方式，琢磨出了一套成效卓著的“省钱战略”，并成功地实施了“省钱战略”，逐渐使家庭摆脱生活窘境。

让我们一起来看看他们的“省钱战略”：

（1）穷追不舍便宜货：找到所需物品的最低价才会购买。

（2）每个月只购物一次：减少购物次数，避免不必要的冲动型消费。

（3）有计划地购物：控制消费策略。他们根据家中需求制订详细、合理的月度购物计划，甚至会提前将每顿饭的菜单拟出来，详细地列在账本上，便于集中采购。

（4）提前购买节日物品：重大节日前，提前购买节日所需物品，以防节日时涨价。

（5）妙用购物优惠：充分利用商场、超市的购物优惠活动，反复地进行性价比对，以最优惠的价格买下所需要的物品。

（6）不花费超过信封内的钱的80%：他们把钱放入一个个不同的信封，分别用于买食物、衣服，加油，付房租等，约定永远不花费超过信封内的钱的80%。

控制消费只能保证基本生活，真正让他们走上财富自由之路的是，扩大上游水量（收入来源）。

他们提出了实现财富自由的策略——抓住一切机会赚钱。

有了一定的知名度以后，他们成立了专门的网站，把家庭“省钱战略”的经验充分挖掘并整理出来放到网站上，如果有人想学习理财方法，就必须付费。聪明的伊科诺米季斯一家通过把自己的知识和经验转变成收入，不断增加家庭收入，最终实现了改变家庭现状的目标。

“最节约家庭”的例子，充分说明了理财不是富裕家庭的专利；相反，越是普通家庭的孩子，越应该学习财商，越早学习，越早改变人生现状。

财富自由公式之一：管好孩子的财务钱包

一生之中，我们都拥有两个钱包：财务钱包和心理钱包。

财务钱包是指实际钱包，是真实的收入和支出。

心理钱包则是指我们内心对生活的满意度，决定了生活幸福指数。心理钱包富足的人，无论是否有钱，都能感到幸福。

有的人明明有钱却不幸福；有的人并非有钱，却活成了让人羡慕的样子。

有的孩子，明明家庭条件很好，花钱的时候却非常吝啬，导致别人不愿意和他交往；有的孩子家庭条件一般，却喜欢超前消费，甚至不惜贷款都要买自己想要的东西，最后让自己陷入入不敷出的境地；有的孩子是有多少钱就办多大的事，做到量入为出，生活得非常滋润。

两个钱包是相辅相成的，我们不仅要培养孩子管理财务钱包的能力，更要帮助孩子管理好心理钱包，因为心理钱包不仅影响孩子的生活幸福度，还影响着财务钱包。

孩子的消费习惯是如何形成的？财务钱包和心理钱包又是如何影响孩子的消费习惯的呢？

财富自由公式会让我们找到答案：

收入 – 支出 = 结余。结余为正且越来越多，财富自由度就越来越高。

生活的自由度的提高取决于两个方面：增加收入和降档消费。

财富自由公式在伊科诺米季斯一家身上得到了验证，他们在收入较低的情况下，通过有效控制支出获得更多的结余。他们能做到，在全球储蓄率最高的中国（2019年，中国人民银行前行长周小川说，中国储蓄率为45%），我们当然就更没有问题了。

我们来看实现财富自由的第一个条件：增加收入。

首先，我们来看收入的构成：

收入=主动收入（工作收入）+被动收入（理财收入+投资理财收入+兼职收入+产业收入）。

主动收入简单来说就是临时性收入，就是我们提供劳动而获得的工资，必须用智力、体力、时间、精力去换取，也就是我们俗话说的手停口停：有工作有收入，辞职或被解雇、因为生病而无法工作时，就失去了主动收入。

拥有被动收入是实现财富自由的关键因素，也是实现财富自由的必要前提。

它指我们不工作时，也不需要花费多少时间和精力，就可以获得的收入，如房租、现金利息、基金股票收入、经营企业、投资企业、专利、知识版权、退休金、家族信托基金、遗产等。

被动收入持续的时间足够长，能够覆盖所有的消费支出，我们就能实现财富自由了。

生活选择权的大小，就在于我们拥有多少被动收入带来的结余。

我们的孩子跨入财富自由之路的常规途径是先获得主动收

入，然后逐步把主动收入转化为被动收入，最后让被动收入超过主动收入的过程。

作为父母，我们需要思考以下问题：

（1）我是否培养了孩子获得高主动收入的能力？

（2）我是否培养了孩子获得被动收入的能力？

（3）孩子有没有具备让财富增长的能力？

实现财富自由的第二个条件：控制支出。

日常生活支出 = 必要支出（衣食住行医疗 + 养老 + 风险 + 梦想准备）+ 想要支出（教育 + 情感 + 兴趣爱好 + 品质生活等）。

必要支出是指生活中必需的部分，满足我们生存的部分，如吃饭、住宿、交通、物业、水电、网络、通信等，如果收入不能覆盖必要支出，我们就会陷入窘况，生存就会出现问题。

想要支出是指生活中我们渴望的部分，指在责任、梦想、欲望的推动下，为内心的欲望而买单的部分。比如，让孩子享受更好的教育，给父母完善的医疗保障，带爱的人去高端场所消费，去风景优美的地方旅游，享受更好的居住环境，开更好的车等。

量入为出，说得很容易，现实生活中抑制自我欲望却很难。

我们要想获得财富自由，要同时满足这两个条件，让孩子不仅会开源也会节流。家庭最基本的财商教育，就是从教孩子管理财务钱包开始的。

财富自由公式之二：管好孩子的心理钱包

幸福生活不能只靠财务钱包实现，精神上的富足比世俗意义上的富足更容易让人实现自由，可以让平凡的生活处处充满幸福感。

心理钱包的财富自由公式如下：

心理账户收入（价值观）–心理账户支出（消费行为）=结余（生活满意度）。

心理账户收入是指财富价值观，我们为孩子树立正确的价值观，就是往孩子的心理账户里存钱，存入得越多，孩子的内心越富足。

心理账户支出是指追求生活品质的消费欲望。我们控制欲望的能力越强，支出就越合理。

那么如果我们的心理账户和财务账户不匹配，会造成什么样的影响呢？如图2所示。

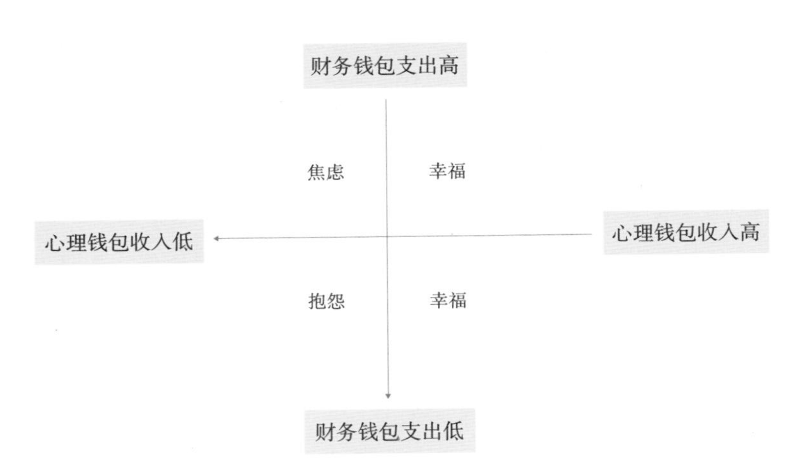

图 2　心理账户和财务账户匹配度的影响

我们再来看心理账户支出对应财务账户收入的相互影响，如图 3 所示。

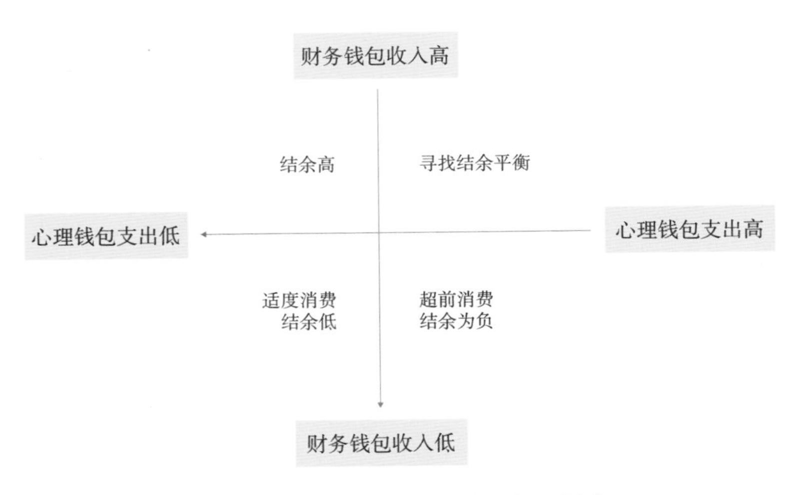

图 3　心理账户与财务账户的相互影响

内心富足的孩子更能管控消费欲望，确保生活和心态上均有盈余，进入知足的状态。

无论我们什么时候开始培养孩子的财商，孩子的心理钱包都是从小就开始形成的，钱包中的财富，就是我们在日常生活中悄无声息地传递给孩子的。

所以孩子的财商培养要两手抓，同时建设心理钱包和管理财务钱包，这样，孩子成为人生的“优等生”就指日可待了。

教育困惑：穷养孩子还是富养孩子？

社会上流传着一句话：“男孩穷养，女孩富养。”这句话的意思是对儿子要穷养，这样才能让男孩子学会吃苦，学会担当；对女儿要富养，这样才能让女孩子见多识广，不会被物质迷惑。

什么是富养？

富养分为精神上的富养和物质上的富养：精神上的富养当然是要让孩子越富有越好，这样可以让孩子建立自信的心态、消费价值评估体系，理性识别消费需求，具有抵御诱惑的意志力等；物质上的富养是指父母不断满足孩子提出的可能超出家庭承受能力的需求。

富养孩子的本质更多的是指精神上的富养，是帮助孩子增

加心理钱包收入。

了解了心理钱包，就可以很好地解释“我的孩子应该富养还是穷养”的问题了。

理解了什么是富养以后，接下来我们需要思考一下，日常生活中，究竟是该穷养孩子还是富养孩子呢？

童话里，豌豆公主被藏在被子之下的豌豆硌得睡不着觉，是富养行为带来的结果；而孩子即使陷入困境，仍然能甘之如饴、泰然处之也是富养心态带来的结果。

家里没有富养的条件，父母却非要按公主或王子的标准来养孩子，那只会为家庭增加沉重的负担。

媒体曾报道，一对母女去商场买手机，女儿非常喜欢一款手机，执意让母亲给她买。因为家中经济条件一般，妈妈建议先交学费，等手头宽裕了再买这款手机。

妈妈一直劝说女儿挑选其他品牌的手机，却被孩子坚决地拒绝了。见一向宠溺自己的妈妈不同意给自己买心仪的手机，女儿便肆意谩骂起来。万般无奈之下，母亲当众给女儿跪下，乞求孩子改变主意。

父母娇纵孩子所造成的后果，最后都由父母买单。

如果说买昂贵的手机对贫穷的家庭是“富养”行为，其实各层次家庭“富养”孩子的现象比比皆是。

本着要给孩子最好的教育的原则，宋佳把孩子送到了一所私立学校，交了昂贵的学费后，以为可以喘口气了，但接下来的一系列事情让他始料未及。

作为知名学校，孩子所在的学校每年都会举办各种各样的活动，如研学、社团、模联、商赛等，各种活动加起来需要的费用就比较多了，再加上周末补课、兴趣班、聚会、国内外旅游等开销，宋佳有点儿吃不消了。

最让他尴尬的是，每当接送孩子时，学校门口全是豪车，如此一来他的代步车就非常显眼，时间一长，孩子委婉地表达了不想让他来接的意思。为了孩子的面子，他咬咬牙换了一辆豪车。

随着时间的推移，他发现孩子对衣服品牌、吃饭的场所、电子设备品牌等有了更多的要求。“面子效应”带来的消费需求超过了家庭收入的增长，点点滴滴加起来，费用非常高，远远超出宋佳对名校教育的预算。

他心里暗暗后悔让孩子进入这所名校。

孩子的现状是父母过去教育培养的结果，财商培养也是。

被迫下跪的妈妈是在“纵容”孩子的消费行为。

执意想买昂贵手机的女孩子，完全不顾家庭经济状况，只管自己是否想要。一旦她得不到想要的东西，就会采用过激的行为逼父母，这其实是被父母给惯出来的。

宋佳的孩子因为进入名校而想选择和同学一样的消费水平，是因为他还没被家庭培养出正确的消费价值观，就被卷入了名校同学高消费的环境中。不同圈层的人消费模式截然不同，消费力更是不可同日而语，富有家庭的标准消费，对普通家庭来说，有可能就是奢侈级别的。

孩子进入名校的学费对宋佳来说可以勉强承受，但是孩子逐渐想要与名校配套的系列消费，这就超过家庭的承受能力了。

卢梭说："你知道运用什么方法，一定可以使你的孩子成为不幸的人吗？这个方法就是对他百依百顺。"

父母长期满足孩子超出家庭支付能力的需求，会让孩子形成高于家庭承受能力的消费惯性。消费惯性一旦养成就很难改变，"由俭入奢易，由奢入俭难"就是这个道理。

有些人因为爱孩子，所以就想给孩子最好的东西，初心没有错，却往往因爱而害了孩子，最终反噬自己。

无论有钱还是没钱，父母都要培养孩子正确的财富价值观。

我们回顾孩子受到的财商教育，主要看是在富养精神还是在富养消费力。父母学会拒绝孩子的不合理需求才是富养孩子的开始，在精神上被富养的孩子，才能在消费行为上接受"穷"的现实。

精神上被"富养"的孩子，才是上天送来报恩的。

理解艰难：孩子学习没动力？那是因为没有吃过生活的苦

困扰许多父母的问题：现在条件这么好，为什么孩子学习却没有动力呢？

孩子缺乏学习动力不是个别现象，教育部相关部门调查结果显示：75% 的学生（含高中生）不知道自己要做什么。不知道为什么而学是孩子学习没有动力的主要原因。

只有见过人生低谷的孩子，才会更加渴望攀上巅峰。

目标感往往来自成就欲望，孩子为什么缺乏成就欲望呢？

心理学家马斯洛把人们的需求分成5层（后来又扩展为8层），如图 4 所示。

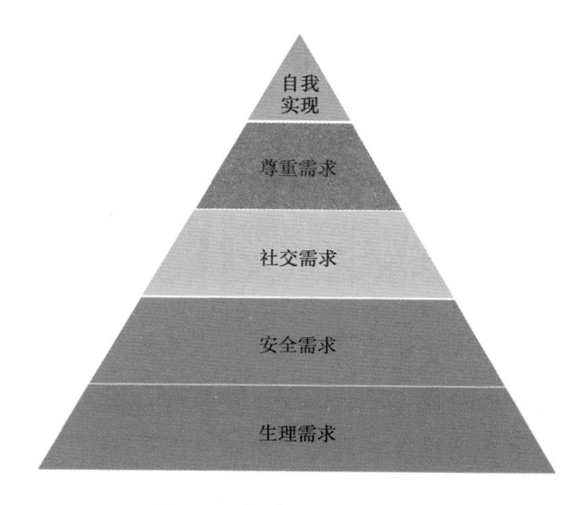

图 4　马斯洛需求层次理论

从最底层的生理需求到最高层的自我实现，是需求循序渐进的过程，人要产生高级需求就必须先满足低级需求。需求层次越低，人的潜力越大，随着需求层次上升，需求力量感就会相应减弱。

首先是生理需求，这是所有需求中最重要、最有力量感的。生理需求包括人对食物、水分、空气、睡眠等的需求。比如，当人饿了，食物就变得非常重要，其他一切都不重要了。

其次是安全需求，包括稳定安全的环境、社会环境秩序等。比如，稳定的工作、良好的社会治安、有保障的养老措施、公平的教育等，都能让人们减少恐惧和焦虑情绪。

经济条件好的家庭，孩子会直接跨过生理需求和安全需求，进入马斯洛需求五层次的上三层需求，开始追求爱、尊重、自由、梦想等。如果孩子从来没有对生理和安全上的需求产生过迫切的渴望，就很难获得成就欲望。换句话说，没有吃过苦的孩子，根本不知道糖有多甜。

能轻易得到的东西，人们就不会珍惜。

社交平台上，一位留美学生分享了亲身经历的故事。

> 他不适应大学的生活，产生了严重的厌学情绪。无论家人和朋友如何劝他，他都觉得上学是件非常无聊的事情。最后他选择离开学校去寻找生活的意义。
>
> 钱用完后，为了生活，他不得不到一家餐厅去工作。洗

碗的工作非常辛苦，收入又低，劳动强度大，工作一个月后，他实在坚持不下去了，开始十分怀念上大学的生活。相比之下，他认为还是学习更加幸福，于是重新返回校园学习。

经过社会的磨炼，再次回到大学后，他非常珍惜上学的机会，学习更加努力。

当下的中国，孩子的成长经历和环境非常简单，他们基本上过着学校和家两点一线的生活，其余生活空间近乎不存在。在升学压力下，许多父母对孩子的基本要求是“你负责学习，我负责你的吃喝拉撒”，孩子在家庭中的地位就是“公主”或“王子”，不要说吃苦，连饿和冷的体验都非常少！

孩子们认为学习很苦，而父母认为那是正常的学习生活，两者对“苦”的认知存在偏差，是因为双方经历不一样和身处的马斯洛需求层次不一样（孩子站在上三层，父母在各层间穿梭）。没有吃过生活之苦的孩子，自然认为学习很苦；经历了生活之苦的父母，认为学习是件幸福的事情。

幸福是对比出来的。三观正及能够正确理解生活的孩子，向上对比产生的全是动力，向下对比会理解幸福的定义和珍惜生活。

没有吃过生活之苦的孩子，很难理解拼搏的意义，很难产生学习的动力。

每年高考，我们都能听到诸多寒门学子考高分的故事。这些学生有的在收到大学录取通知书时，还在工地上辛苦地搬砖；有的学生父母长期不在身边；有的学生不仅仅要学习还要照顾病重的家人。无论从学习环境还是生活条件等方面，他们都无法和家庭条件良好的孩子相比。他们长期处于需求的最底层，面对父母的殷切希望，很容易被激发出渴望通过学习改变现状的动力。这种动力足以让他们克服重重困难，奋力前行，最后在教育赛道上脱颖而出。

很多孩子不是生活得太苦，而是生活得太幸福。

没有学习和改变生活的动力，不是孩子的问题，“何不食肉糜”不是遥远的故事，在现代的孩子身上这样的情况并不少见。父母只有让孩子有机会理解和感受生活的艰难，他们才会更有动力学习。

家里经济条件再好，父母也要让孩子吃苦，这真的很有必要！

财富传承：“富过三代”的密码

每个家庭都有独特的家庭文化，吃苦是一种文化，财富理念传承也是一种文化。聪明的家庭早早就破译了财富密码，把密码提炼出来，然后代代相传。

华尔街有个家族，他们不仅成功地创造了财富，还把赚钱的密码传给了孩子，让孩子也有了创造财富的能力。这个家族就是美国著名的投资理财家族——戴维斯家族。

戴维斯爷爷是巴菲特非常认同的投资理财家，是少数拥有超过 45 年投资理财业绩的大师，不仅发明了投资理财界著名的“戴维斯双击”，而且在长达 47 年的财富创造生涯里，取得了年化 23% 的复合回报率。他的这个成绩已经超过了著名的巴菲特。

在戴维斯爷爷所经历的半个多世纪的岁月里，不仅有漫长的牛市，还有 25 次股价回落、2 次惨烈的熊市、1 次市场崩溃以及 7 次轻微熊市和 9 次市场萧条，股市跌宕起伏，机会和风险并存。戴维斯爷爷因为拥有敏锐的财富眼光，经过漫长的时间，最早投入的 5 万美元实现了 18 000 倍的增长。

像戴维斯爷爷这样深谙财富之道的顶级大师，已经勘破了财富的奥秘，又总结了财富增长的规律，将其传给了后代，把儿子、孙子也培养成了财富大师，打破了“富不过三代”的魔咒。戴维斯家族能够屹立三代不倒，优秀的财商培养方式起到了至关重要的作用。

我们来看看戴维斯家族三代的财富增长速度：

第一代：戴维斯爷爷，资产从5万美元增长到9.4亿美元。

第二代：戴维斯爸爸——斯尔必·戴维斯，管理着200亿美元的资产。

第三代：克里斯和安德鲁，截至2013年，戴维斯家族管理着470亿美元的资产。

戴维斯家族是如何培养孩子们的财商的呢？

戴维斯爷爷认为：财富的传承是次要的，关键是财富理念的传承。

他说：“有的时候，我问自己，为什么不给子女们留城堡和牧场？不给孙子们留下超级喷气式飞机？我明明买得起。我深思熟虑后，回答如下：如果子孙后代一开始就可以得到信托提供的保障，永远不用工作就可以衣食无忧，那么，他们对于生活有什么激情呢？

“从我自己的经历和那些拥有信托财富的朋友的经历来看，我知道这些倒霉的（不幸的）信托受益者常常会成为社会的牺牲品，需要心理学家、精神病专家以及其他人照料。在留给子女遗产的问题上，我认为应该给他们提供‘安全网’，以防万一。但更重要的是，要激励他们成为优秀的人，为社会的共同福祉做出贡献。”

授人以鱼不如授人以渔，传承财富的理念远比传给孩子金钱更重要，戴维斯家族就是这样培养孩子的。

1. 让孩子尽早学习财商知识

戴维斯家族的每一代人采用的教育方法也许不一样，但是让孩子接触财富的理念都是一致的。

孩子们很小的时候，家长会带他们参观各家公司的总部，教孩子关于股票和债券的区别、72 法则，并让他们了解公司运作的情况。

每周五晚上，家长会和孩子们一起看电视节目，看《每周华尔街》《每周华盛顿》是家庭的保留节目。

“我们从来没有讨论过棒球、曲棍球或好莱坞这些话题。”戴维斯的孩子们回忆道，“我们讨论的话题都是关于股票和政治的。”

就连外出旅游时，他们也是在讨论公司盈利和现金流的情况：“尽管我想和爸爸讨论些别的话题，但最终还是这些。”

看，戴维斯家族的财商教育已经融入整个家庭生活中，他们让孩子在任何时间、任何地点都能运用财商。

2. 财商实践体验

戴维斯家族的财商教育，不只是教孩子理念，更重要的是让孩子们参与到实践中去。

当孩子们很小的时候，家长就早早地给他们开了银行账户，存入一定数量的钱，让孩子自己管理这些钱。当然他们不会让孩子拿这些钱去消费，而是告诉孩子让钱不断地去生钱。

孩子们 8 岁时，就已经掌握了投资理财的基本原理，明白相对于持有股票而言，储蓄存款是糟糕的替代品。

家长还会安排孩子参与公司财务的调研工作，让他们学习如何寻找有关公司前景的线索。当孩子们上初中后，只要孩子们能够对公司进行认真分析，完成财务分析报告，家长还会给孩子 100 美元作为奖励。

戴维斯家族的每一代人都会让孩子自己去投资理财，并且会想方设法地让整个过程变得有趣和简单，尽量不让数学、会计和数据表格给孩子们带来困扰。

3. 节俭

戴维斯家族的所有孩子必须上的宝贵一课是节俭。

戴维斯爷爷认为节俭是一种美德，即使衣服已经被磨损得很厉害了，也不让家里人购买新的衣服，这让家庭的其他成员也会特别注意自己的消费方式。在他的观念里，花掉一美元就是浪费了一美元，而没有花掉的一美元可以通过理财生成新的财富。戴维斯家族对待金钱就像沙漠里的人对待水一样，无论做什么事情，都尽可能节俭。

虽然家族很富有，但最早的时候，家里人还是开着经济型的雪佛兰汽车，坐经济舱，滑雪时住经济型旅馆；吃饭的时候，孩子们不能点龙虾，只能去缅因州的水产市场或当地码头买回龙虾自己动手做来吃。

勤俭节约是戴维斯家族培养孩子的重要方式，孩子长期看到长辈都很节约，长大后极少会为自我欲望而挥金如土。他们在经济上非常独立，同时也擅长投资理财，依靠自己的财商过着想要的生活。

4. 让孩子干活

戴维斯家族的长辈，不仅没有让孩子过上养尊处优的富养生活，反而会充分“压榨”孩子的劳动力。他们不会因为孩子年龄小就不让孩子干活。

戴维斯爸爸还是孩子的时候，想要一个游泳池。他想要的游泳池有多大呢？长 12 米，宽 4.6 米，深 2.4 米。面对他渴望的眼神，戴维斯爷爷说：“你必须亲自动手挖坑，因为租挖掘机太贵了。”

连建造游泳池这样高强度的体力活戴维斯爷爷都让孩子自

己动手，就更不要说让孩子们打扫落叶、清理积雪、收割马利筋草并装满谷仓等事情了。所以，戴维斯爸爸10多岁的时候，就利用周末时间给戴维斯爷爷打工，暑期给家里当厨师和司机，帮戴维斯爷爷搜集资料。

我们给孩子传递财富的理念和智慧，孩子才能得到最大的收益。财富的秘密就是这样在家庭教育中流传，再经过每一辈的改善后传给下一代，最后让孩子获得财富的。

理解钱的价值：如何让孩子远离诱惑?

钱是孩子的主人还是奴隶？这在一定程度上取决于我们怎样培养孩子驾驭金钱的能力。

孩子理解金钱并能驾驭欲望就是金钱的主人，金钱唯孩子“马首是瞻”；反之，金钱就会暴露贪婪丑恶的嘴脸，狠狠地奴役孩子。

“精致穷”就是家庭无限宠溺孩子的结果之一。

90 后的李玟，每月收入有 8 000 多元，消费却少则 1 万到 2 万，多则 3 万到 4 万。

每月数万元的花销，她都用在了什么地方呢？

她追求的生活是许多人向往的精致生活。精致的生活诱惑着她买各种化妆品、项链、手表，吃各种美食等，看到好吃的她就买，看到喜欢的她就下单。

几年下来，光手表她就买了十几块，三四十块钱一杯的饮品连眼都不眨就买，中午吃饭叫外卖，上下班只坐网约车，一到休息日不是跟朋友唱歌就是泡酒吧，要不就是来一场说走就走的旅行。

她看到朋友拥有漂亮的首饰、包包，心里很羡慕，于是也会买。她说：“大家一起出去逛街，看到喜欢的东西都会买。”

在欲望的诱惑下，她在精致的生活中一步步沦陷。有限的收入无法满足无限的欲望，为了享受精致的生活，她开始向各大借贷平台借款，短短几年就借了 90 多万元。

当一个人的欲望和收入不匹配时，金钱就从温驯的小猫变成了恶魔，最后反客为主，把人变为自己的奴隶。

人追求精致生活本身没有错，但因为追求精致生活而陷入贫困的境地就值得深思了。为什么有人会为未来的幸福选择放弃一定的物质享受，而有人会为及时行乐而放弃未来？为什么有人无法遏制消费的冲动，沦为金钱的奴隶？成年人对生活的追求和消费的观念，都是家庭教育潜移默化的结果。

家长培养孩子的财商，是为了让孩子成为金钱的主人而不

是成为金钱的奴隶。

我们坦然地和孩子谈钱，孩子才更有可能拥有驾驭金钱的能力！

财富观念：你的财富观是如何传给孩子的？

我们想让孩子过什么样的生活，重要的是让他看到通向这种生活的过程。

如果家长期望孩子未来实现财富自由，就要像戴维斯家族一样，让孩子掌握通往财富自由之路的方法。

我们对许多家庭进行访谈后发现，成功传承财富密码的家庭都有共同的培养方式——言传身教。

Amy 是一家公司的管理层人员，多年职场经验让她深刻地明白：她今天的成就是依靠公司获得的，随着职位和收入越来越高，年龄和业绩压力也在递增。

面对与日俱增的压力，她深知财务对生活的重要性。为了让孩子能够拥有自由选择生活的能力，她开始思考：孩子如何才能避免走我的老路，做自己想做的事情？

在职场上打拼多年的她，陷入了如何培养孩子的财商的困惑中。

她想传给孩子的财富密码是：现在的生活来之不易，要懂得珍惜；爸妈赚钱很辛苦，别乱花钱；花钱要有计划，别想买什么就买；买东西要货比三家。

Amy15岁的孩子却是这样的：喜欢限量版和最新的东西；和朋友聚餐，一定要选有格调的地方；买东西不管价格，只挑自己喜欢的买；经常说生活就要过得好一点儿。

Amy非常困惑：孩子的认知到底是怎么产生偏差的呢？

孩子的消费行为习惯，就藏在父母不经意的日常行为中，正在不知不觉地存入孩子的心理钱包中。

我们问过许多孩子："你觉得爸妈赚钱辛苦吗？"

10岁左右的孩子大部分认为赚钱不辛苦。赚钱在他们有限的想象中，意味着不断打电话、开会、出差、写报告等，出差就和吃"好的、住好的、顺便旅游"画上等号。

10岁以下的孩子认为赚钱辛苦，因为爸爸妈妈没有时间陪自己玩。

孩子们对赚钱的描述，其实是对父母无意中传递给他们的信息的最直观感受。我们觉得自己在辛辛苦苦地赚钱，孩子们却对赚钱的理解产生了偏差，这不是我们的本意。

为了寻找出现偏差的原因，我们来听听Amy的孩子的感受。

Amy常常跟孩子说：“赚钱很辛苦！”可在孩子眼中，妈妈经常买昂贵的衣服、化漂亮的妆、拎着奢侈品牌的包去高档场所吃很多好吃的东西，在各种环境良好的咖啡厅里谈事情，可以时不时出国考察，回家还可以追追电视剧……孩子觉得：妈妈有这么幸福的工作，怎么会辛苦呢？

Amy跟孩子说：“买东西要货比三家。”孩子却看到，妈妈经常到品牌店里买衣服，看到喜欢的东西就会立刻买下来；和闺密聚会，总是选择高端场所；带自己去旅游，也会选择高端酒店；去超市，总是选择价格更高的有机食品等。

孩子说：“她说的和做的都不一样，为什么她只要求我那么去做呢？”

当我们把孩子的感受反馈给Amy时，她感到非常错愕，没有想到自己的“言”和“行”在孩子眼中有如此大的出入。她本来想增加孩子的心理钱包收入（正确的价值观），没想到却给孩子增加了心理钱包的支出（消费行为）。

父母言行不符时，孩子就会挑战父母的权威。

无论父母用什么方式解释，这种行为落在孩子眼里都是为言行不一找借口。

我们发现孩子的消费行为和想象中有差别时，要顺着日常行为在自己身上找原因。

我们做了什么，孩子就会学什么。

财商行动：生活中很多选择和钱有关

萧伯纳说：“生活不是寻找自我，而是创造自我，你通过每天所做的选择来创造你的生活。”

现在是过去无数次微小的选择叠加的结果，每次微不足道的选择都可能持久而稳定地影响未来的生活。

我们在日常生活中帮孩子做的选择，会影响孩子的未来。他早上是吃馒头还是面包？他去补课还是参加活动？他穿得多还是少？他和小明玩还是和小亮玩？他是先做作业还是先玩？他上公立学校还是上私立学校……

当我们面对选择时，心里都会不自觉地快速衡量投入产出比，然后做出最佳的抉择。绝大部分选择的背后和钱有关，我们完全可以让孩子在日常选择中提升财商能力。

这些生活中常见的选择，都可以让孩子参与：孩子如何使用自己的压岁钱？他做家务要不要收工资？他可以买几个玩具？他吃西餐还是中餐？他打车还是坐公交车？家务活怎么分配？他去游乐园还是逛公园？他补课还是不补课？他买哪件衣服？他吃还是不吃？

面对选择题，聪明的我们要做的事情就是：控制安全底线和财务预算，让孩子尝试自己做选择！

家长在面对孩子提出的各种要求时，要把孩子的要求转化为生活中的选择题，让孩子学会权衡利弊，学会分析、计算投入产出比，最后掌握做出最优决策的技巧。

刚开始让孩子做选择题的时候，我们需要帮助孩子养成规则意识，当孩子形成惯性思维后我们就可以放手了。

从时间价值的角度来看，我们越早培养孩子的财商，后期投入的时间成本和沟通的代价就越小。

孩子提出需求时，就是家长培养孩子的财商的最佳时机。

这里有把孩子的需求转化为财商培养的6个简单技巧。

1. 了解需求及原因的有效工具——“5W2H”

“5W2H”能帮助孩子从7个方面来思考问题，并提出解决方案。

比如，当孩子说“我想买玩具”时，我们就可以运用“5W2H”了。

What（什么）：目的是什么？

Why（为什么）：为什么要这么做？你有没有替代方案？

Who（谁）：谁来做？

When（什么时间）：什么时间做？什么时机最适合？

Where（哪里）：在哪里做？

How（怎样）：孩子想怎么做？具体怎么做？有没有更好的方法？

How much（多少钱）：要花多少钱？多少钱可以做到什么程度？有什么好处？（这个问题，可以随着孩子的年龄增长，逐步深入。）

特别提示：孩子提出需求时，我们只要做到别武断拒绝，别直接给孩子答案，孩子就会开始思考。

2. 建立选择规则

我们要告诉孩子做选择的规则，让孩子在做选择的过程中逐步掌握生活常识，帮助孩子建立规则意识。

如果孩子要买零食，我们要告诉孩子选择食物的规则，如选择可信赖的品牌，看看有没有 QS（企业生产许可）标志、是否还在保质期内等；如果是买服装，我们要告诉孩子选择服装的面料、尺寸等的规则。

3. 告诉孩子预算成本

了解孩子提出需求的原因时，我们心里要有预算，避免孩子不了解市场价格，造成不断调整预算的局面，那样的话会降低我们的权威性。

我们根据孩子对钱的管理能力，合理给予预算，从管理小钱开始，逐级进行训练，最后让孩子能够管理更多的钱。

4. 告诉孩子安全底线

对于孩子的每种需求我们都要清晰地告诉孩子安全底线，孩子年龄越小，底线就要越高，尤其是在吃、住、行、玩四个方面。比如，外出和回家时间、上下车的时间、在人多的地方如何保护自己、出现意外情况如何处理等。

初期，安全底线由我们提出，当孩子达到要求后，可以由双方来约定。

这里要特别提醒家长：随着孩子年龄的增长，安全底线要逐步调整，家长要避免用管理小孩子的规则来管理大孩子，那样的话容易引起青春期孩子的叛逆情绪。

5. 违规的代价

责权利对等，才会让孩子对规则产生敬畏之心。家长给予孩子权利的同时也要对等地提出违规后要付出的代价，让孩子意识到每种选择背后都有代价，建立责权利意识。但违规代价不宜过于苛刻，避免让孩子认为我们不通人情，造成家庭矛盾。

6. 遵守

违规的代价不能只针对孩子，对家长也应该有相应的违规惩罚，让孩子感受到公平和受尊重。只有双方都遵守约定，家庭培养才容易持续地进展，孩子的思维习惯才能养成。

我们掌握了以上技能，就能在日常生活中随时随地地培养孩子的财商，这些技能同样可以培养孩子的其他能力。

孩子做人生选择题的时间，可以从他理解食物的年龄开始，1 岁半的孩子就能理解要和不要的区别。

经常做选择题的孩子，更能充分理解“想要”和“必要”之间的差别。在一次又一次的选择中，孩子不断提升自信心，梳理需求的合理性，更重要的是，能学会从经济视角看待问题，学会理性消费，更容易获得成功。

梦想和财商：想做喜欢的事情，先要学会做不喜欢的事情

目标明确的孩子，无论道路如何崎岖，都会一往无前，努力到达梦想的终点。

培养财商是实现梦想最直接的方式。

> 2020年，29岁的程序员郭宇选择去做自己喜欢的事情。他大学本科学的是政治与行政管理专业，但因为喜欢编程，大学期间通过自学计算机代码得以在毕业后顺利进入某互联网公司。后来他又辞职创业。创立的公司被字节跳动收购后，他实现了财富自由。
>
> 实现财富自由后的他计划经营温泉旅馆，还想成为一名作家。他说："如果能回到十几年前，可以遵从自己的意愿重新去选择，我想当作家。但那个时候，如果我跟父母说想当作家，他们不打死我就不错了。"

最终，郭宇实现了少年时的梦想。在明确自己不喜欢大学的专业后，他积极主动地去改变，为了实现梦想，愿意去做许多自己不一定喜欢的事情。

选择的背后大都有无法忽略的因素——钱。成熟的人，不会轻易因为喜欢而不顾一切地做出选择。他们明白，没有人可以逃离现实而存在，也不能脱离实际去谈梦想。

财商和梦想相互成就，财富是梦想最有力的支持者。

孩子的梦想背后是对人性、欲望的考验，我们需要权衡各种利弊来做出选择。

财力雄厚的家庭选择相对更多，孩子不需要经过财富积累阶段就可以追求梦想；经济条件一般的家庭，试错承受力较差，面对有限的财富资源，不得不再三计算，反复权衡，计算孩子实现梦想需要付出的代价、面临的风险，然后小心谨慎地取舍。

当孩子跟我们说“学习太累了”时，我们可以先和他聊聊梦想，让他计算通过不同路径去实现梦想的代价，思考是否愿意为梦想接受不喜欢的事情。如果能够意识到要实现自己的梦想，必然要经历许多困难，那么对于学习的辛苦、考试排名的压力，孩子都会坦然地面对。

梦想是人生的导航器，要让孩子实现梦想，我们要教孩子实现梦想最有效的技能。正如前文所说，财商是让孩子成为人生的“优等生”的捷径，为梦想积累必要的财富，积累的速度越快，梦想实现得越快！

抵御诱惑：别什么都给孩子买，否则后果不堪设想

无尽的欲望就像一把锋利的剪刀，能够轻而易举地剪开我们的心理钱包，然后用力撕扯，让漏洞越来越大。欲望的潘多拉魔盒一旦被打开，就如泄洪一般，湍急的河水会夹带着泥沙，摧枯拉朽般地冲击河堤，最后让河流两岸成为沼泽。

刘畅是新希望集团的第二代掌门人。当幼小的孩子提出想买玩具时，她会问孩子："你有没有同样的玩具？"如果孩子有同样的玩具，她会拒绝孩子的要求；如果是新玩具，她就会带着孩子一起寻找最合适的价格再去购买。

孩子 5 岁时，提出要一款奥特曼玩具，她就带着孩子一起上网查询价格，充分了解玩具的价格，又带着孩子去商场看玩具的价格，最后选择了最划算的一款奥特曼玩具。

带孩子去商城买东西前，她会和孩子商量要买什么东西，让孩子清楚购物清单，看看钱够不够用；出门前，她会和孩子拉钩保证遵守购物约定后再出发。

买或者不买，是两种不同的消费选择，传递着家庭不同的财商密码。日常生活中完成的简单选择题，经过日积月累，会在孩子心中形成根深蒂固的财商思维。

孩子要买东西是我们日常生活中经常发生的事情，我们要

怎么做，才能培养孩子抵抗诱惑的能力呢？

心理学家沃尔特·米歇尔曾做过著名的棉花糖实验，我们来看看实验结果。

能够经受住“棉花糖”诱惑的孩子，人生会有什么不同？

为了解开这个谜题，米歇尔的棉花糖实验从孩子上幼儿园就开始了，持续跟进了30多年，调查了参加实验的孩子从青少年时期到中年时期的发展情况。

工作人员找来了600多个4岁左右的小朋友，将孩子们随机分在不同的房间里。房间里放着孩子爱吃的棉花糖、曲奇饼干等。他们告诉孩子：“你可以选择直接吃掉棉花糖，或者等20分钟，工作人员回来后再吃，如果等20分钟后再吃，就可以额外得到一块棉花糖作为奖励。”然后工作人员就离开了。

房间里有的孩子坚持不到3分钟就选择了放弃，喜滋滋地吃起了棉花糖，慢慢地越来越多的孩子也吃起来。

20分钟后，只有大约三分之一的孩子一直忍着没吃棉花糖，最后他们如愿以偿地多得到了一块棉花糖。

忍住没吃棉花糖的孩子，我们称为A组；其余的三分之二早早地就吃上棉花糖的孩子，我们称为B组。

随后的日子里，米歇尔开始持续回访已经是高中生的孩子，结果发现：A组孩子在综合SAT（美国高考）中成绩比B组孩子平均高出210分（约占SAT总分的13%）。

他们在社交、学习、体育等各个方面的表现都要优于B组孩子，更擅长控制自己的负面情绪，拥有优秀的社交能力，能更好地应对压力和挫折。

实验跟进到孩子27～32岁时，两组孩子有了更大的差异：A组孩子在这个阶段获得了更好的职业发展，更擅长规划及有条不紊地追求长期的人生目标。

棉花糖效应显示：有自制力的人未来成功的可能性更大。马上吃糖还是等一会儿吃糖的简单选择，却是人生无数次重大选择的缩影。

一颗糖对4岁左右的孩子来说是非常有诱惑力的，面对香甜的糖果孩子都能忍住，那在面对未来更多的诱惑时，就会专注长远目标而放弃眼前的利益。

这就是有名的糖果效应，也称延迟满足效应。

还没有具备赚钱能力就深谙消费之道的年轻人，离开父母之后，过上了无人约束的日子，最后可能沦为欲望的奴隶，若不幸掉入过度消费的陷阱中，将付出惨痛的代价。

每个让人痛心不已的代价背后，都有父母放任孩子消费的影子。幼时的习惯会对孩子成年后的行为造成深远的影响。

无论家庭生活条件有多优越，我们都要适当延迟满足孩子的消费欲望，才能让孩子学会理性消费。

抵御诱惑是抑制冲动消费的前提，是未来财富积累的起点。

父母是孩子的“钱”程：如何在日常生活中进行沉浸式财商培养？

“我妈妈经常会把生活费记录下来，还要求我和弟弟也记账，因为我是姐姐，必须给弟弟做榜样，所以妈妈对我要求更严格，而弟弟经常耍赖。以前我不明白记账有什么用，现在明白记账和我的生活有什么关系了。”

王琳谈起当年妈妈对自己花钱要求很严格，却总是满足弟弟各种各样的要求时，提到内心埋怨过妈妈的偏心。她结婚生子后，虽然生活中充满了关于柴米油盐的各种琐事，自己仍然通过努力经营过上了幸福的生活。

弟弟大学毕业后，有份还不错的工作，但是花钱大手大脚总存不下钱，经常找她接济。尽管她告诉弟弟要做好财务计划，弟弟也有心改变，但多年养成的消费习惯很难一下改变。

当弟弟第6次向她借钱时，她内心非常感谢妈妈当年对自己的严格要求。

同样的家庭，一样的父母，不同的培养方式让姐弟俩处于不同的生活状态。

家庭财商教育决定孩子后半生的幸福！

美国SurveyMonkey[①]在对2 000人进行财富调查后发现，37%的受访者表示父母（19%是父亲，18%是母亲）是他们的财务榜样。

一些中国父母非常纠结，一方面希望孩子有钱，另一方面又羞于和孩子谈钱。孩子获得的财商知识更多来自日常生活中的点点滴滴，耳濡目染间，孩子一点儿一点儿地模仿着父母，无论是获得财富的方式，还是消费习惯等。

日常生活中充满了各种各样的赚钱和消费场景，润物细无声地潜入孩子的脑海，这就是沉浸式的财商教育。

在人才培养方式中，沉浸式学习是最简单直接、可模仿学习的一种有效方式。沉浸式学习最大的好处是，我们和孩子都不必额外投入时间、精力和费用，就能在生活中进行培训，把

① SurveyMonkey，调查猴子，美国著名的在线调查系统服务网站。

教育和生活紧密地结合在一起。

我们需要强调的是，有效的沉浸式学习是建立在计划与目标的基础上的。

财商培养是典型的沉浸式培养，孩子具有敏锐的观察和模仿能力，我们往往能在成年的孩子身上找到自己的影子，如作息习惯、饮食习惯、处理婚姻关系的方式、消费模式等。如果孩子单纯地靠自己去领悟和揣摩这些事，其父母的教育方式属于放养式教育——孩子只是单纯地模仿父母的行为而已，并不能真正了解财商。

设想一下，我们带着孩子去超市买零食，一边买一边告诉孩子我们为什么选这个品牌的牛奶而不是另外一个牌子的，为什么会挑选价格高的苹果而放弃价格低的，选择的结果就是我们对财商的认知。

在挑选东西的过程中，我们若告诉孩子购买的原因，甚至鼓励孩子做选择，孩子在生活和财商之间就有了连接。在轻松的购物过程中，我们把财商知识传递给了孩子，这就是沉浸式教育。

如果在买的过程中，我们只管买，或者让孩子自己挑选，怎么选择都可以，购物的过程中没有告诉孩子购买理由，孩子就会不明所以。

下面我们假设两个家长带孩子去超市买东西的场景。

第一个购物场景。我们是有采购计划的，出门买东西前会习惯性地列采购清单。到了超市后，我们拿着清单走在各个货架之间，不停地对比，嘴里还时不时念叨着“这个贵了，这个还不错”，经过多轮价格对比后，才把东西放到购物车里。我们严格地按照购物清单购买物品，超出计划的东西，就不会放在购物车里。

第二个购物场景。我们发现家里少了酱油，于是风风火火地带着孩子去超市，找到要买的东西，都不看价格，直接放在购物车里，顺便逛了逛超市，又买了干果、蜜饯、饼干等零食。促销员热情地邀请我们品尝了最新口味的酸奶，虽然价格比较高，但是我们还是将酸奶放在了购物车里。结账的时候，我们会发现购物车里除了酱油，还有很多不在本次购买计划里的东西。

一个是有计划、有目的、有比价和挑选标准的消费行为，另一个是无计划、随性的消费行为。在两个场景中，虽然我们没有给孩子说什么，孩子只是默默地跟着我们，但是我们的消费理念在不知不觉中传递给了孩子。久而久之，孩子的消费理念就扎下了根。

经济学家杜森贝利提出了棘轮效应，说人的消费习惯一旦形成，就具有不可逆性，即易于向上调整，而难于向下调整。

孩子还没有学会赚钱，就已经学会了花钱，如果以后他的收入水平低于消费水平，生活就会陷入捉襟见肘的局面。

我们就是孩子财商的启蒙老师，直接影响孩子的“钱”程。与其让他在生活中被动学习，由社会来教孩子财商，不如从现在开始为孩子未来实现财富自由做准备。

思维养成：孩子未来要有钱，需从小做准备

我们无法陪孩子度过一生，但财富可以，让孩子学会赚钱比直接给钱更重要。

我们在许多地方了解父母对孩子的财商培养的情况发现，孩子对工资和学历价值的理解有较大偏差。

为了了解孩子对工资和学历价值的理解程度，我们组织了一场针对孩子的了解外资银行工作的职业体验，参与的孩子是小学高年级的学生和初中生。

在职业体验中，我们专门设计了“客户经理”模拟小组面试，由银行的人事经理亲自担任面试官。当孩子们从容地回答了一系列问题，面试官问出“你期望的工资是多少”时，孩子们的回答很有趣：来自“沃特商学院”的孩子提出的期望工资是每月 3 000 元，来自“上海财经大学”的孩子的期望工资是每月 1 000 元，也有孩子提出 100 万年薪，大部分孩子提出的月工资在 1 000 ~ 2 000 元之间。

在另外一家银行的财商专项训练营中，参与人员是小学 6 年级以上的孩子。

“假如你上班了，你觉得一个月要花多少钱？”我们问孩子。

“1 000 元就够了。”一个虎头虎脑的男孩子非常自信地答道。

“为什么呢？”

“我们学校，早餐 3 元，午餐和晚餐只需要 7 元，再买点儿学习用品就够了！”男孩子显然非常了解自己的花费情况。

“还有没有其他需要花钱的地方呢？”

“没有了！”男孩子斩钉截铁地回答。

有的孩子认为每个月 500 元就够花了，也有的认为几万块钱才够，孩子们给出的消费金额跨度非常大。

同样是银行的家庭财商分享沙龙，参与者是各年龄段的孩子和他们的父母。

我们问：“你们家的钱是从哪里来的？”

现场的孩子积极举手，争先恐后地回答:“从银行来的。”“工作赚来的。”“基金公司发的。”“手机上来的。”“妈妈给的。”“不知道。”……

天真不能掩盖无知，听到孩子们天真的回复，现场的父母笑了起来，笑完之后看着自己的孩子，似乎明白了孩子的财商缺失了什么。

每个答案背后，都是家庭财商教育情况的真实反映。

英国心理学家对 1 000 个 3 ~ 8 岁的孩子进行了调查：65% 的孩子认为钱从爸妈的口袋里来，30% 的孩子认为钱从银行里来，只有不到 5% 的孩子知道钱是通过工作赚来的。

初中生对钱几乎没有概念，不知道如何赚钱、不知道日常消费的金额、不知道学历在社会上的价值。如果孩子不具备财商常识，只能说明生活的环境是“财商真空”的，家庭不关注财商培养，父母更是很少在孩子面前谈论金钱。

孩子小时候父母不教，长大了孩子就会了吗？答案当然是“不”。

《光明日报》在一篇题为《大学生财商素养引人忧》的文章里，提及大学生在校园内借款、贷款的相关问题层出不穷。

> “大一时家里给了一个学期的钱，我也没什么计划，经常买东西，还冲动消费，最后一个月没生活费了，只好找爸妈要钱。”北京某师范院校大三的学生张青告诉记者，身边很多同学是“月初宽裕，月底拮据”，不好意思向父母开口，就只好“借钱度日”。
>
> “我的生活费大部分花在社交和娱乐活动上了。”某政法大学大二的学生田鹏说道，“花费最多的就是和朋友聚会，赶上朋友过生日，还要买礼物表示一下。男生每个月买游戏装备也要花将近 1 000 块钱。”

热衷于花钱的习惯很容易让没有固定收入的大学生陷入“收支不平衡”的窘境。

“月光族”“啃老族”“剁手族”“校园贷”等新名词层出不穷，是孩子从小缺乏财商培养带来的问题。

我们用心培养孩子的财商，孩子未来才能更有“钱”程。

圈层力量：我们交什么样的朋友，对孩子很关键

所见所闻即是教育，孩子人生的差距就是从孩童时期的见闻开始产生的。

孩子生活环境很单一有利于学习，却不利于财商的培养。

绝大部分孩子，生活中只有家庭和学习环境及小部分社会环境，其中接触最多的是家庭环境。

吸引力法则说，我们是什么样的人就会吸引什么样的人。学霸父母身边总是围绕着想成为学霸的人，艺术家总是喜欢待在艺术气息浓厚的地方，科研人员总喜欢和专家在一起，企业家身边也总是围绕着能让自己赚钱的人和事。物以类聚，人以群分，圈层就是这么形成的。

圈层相同，大家才会有共同话题。

如果我们想让孩子成为财富自由的人，就要多让孩子和同类人接触。

我们周边的环境，是否有类似的环境和人，如企业家、投

资理财人员、喜欢研究财富的人，或者我们认为成功的人？

如果有，恭喜你，你的孩子已经有了学习财商的基本环境，即使我们不擅长财商教育，财商也会通过朋友圈层传递给孩子。

环境对人的影响，从来都是潜移默化的。

温州人几乎全民皆商。长期在商业氛围浓郁的地方生活的孩子，大多心里有创业的想法。

> 美国温州名誉会长分享了一个故事。他遇到过两个来自国内的女学生，一个是温州人，一个是其他城市的人。其他城市的女孩，毕业后找了一份稳定的工作；温州女孩子则在上学的时候就租房子住，空闲时还打了两份工。
>
> 当有了积蓄后，温州女孩开始做小生意。几年后，她不仅贷款买了几百平方米的房子，还拥有了自己的店铺。

温州女孩为什么选择成为老板，而不是选择稳定的工作？那是因为温州浓厚的商业氛围，通过各种渠道影响着女孩，让她做出了不同的选择。

孩子目光所及之处都是经商的人，听到的都是哪里可以赚钱，天天在家听父母算账、谈生意，浓厚的商业氛围紧紧地包围着孩子，财商意识就会在孩子心中生根，时机一旦成熟，就会发芽生长。

观察来自不同家庭的孩子，我们发现一个有趣的现象：孩子从事和父辈相同的工作的概率非常大。经商家庭、艺术家庭、公务员家庭、企事业家庭、农民家庭等家庭的孩子，身上会具有鲜明的特点，从认知到行事与父母的重叠度非常高，最后大概率会走上与父母相同的路。

上一辈人从自身成功的经历中获得红利，就会给孩子提供更多的圈层机会。社会上存在各种各样的圈，圈与圈之间有的壁垒森严，有的相互融合，进入圈子的通行证就掌握在父母手中。如果父母期望孩子加入某个圈子，就要找到通行证，如果家庭没有，就要拥有对应的朋友，或者把孩子送到相应的圈层里去。

我们的朋友也是孩子成长环境中重要的组成部分，想要培养孩子的财商，我们就需要多认识擅长经商、投资理财、经营管理的朋友。

我们的朋友，也会影响孩子的未来。

消费习惯：什么都给孩子买最好的，会有什么后果?

爱孩子，我们就要什么都给孩子买最好的吗？

错！

毁掉一个孩子最好的方式，就是充分满足他的物质需求！

一个上综艺节目的女孩子，上节目时已经16岁了。

她最大的爱好就是逛街买东西，只要是喜欢的东西，不管是30块钱还是3万块钱，都要买回来。

她20块钱买来的手机壳，2块钱就转手卖掉，再庆祝自己赚了钱，花数百元吃一顿夜宵。

她为剪个新发型，可以专门坐车跑到几百千米外的明星常去的理发店，花几万块打理头发。

她经常说的是：“有钱你不花干啥？”

她的消费行为的养成，与父母的想法和日常教育行为息息相关。

她的妈妈认为：“我觉得女孩子嘛，就是要富养，这样在外面金钱诱惑不了她，可以防止她走弯路。”她的爸爸则告诉她，钱不够了他就给她转。

“钱不够就转”和“富养”，两者都是在消耗心理钱包的支出部分。两者经过16年来持续不断的强化，女孩的父母终于让这种消费行为深入女孩的意识和行为中，导致不得不送孩子参加节目，帮助她改掉由他们亲手培养出来的消费习惯。

每个妈妈心里都有一个公主梦，于是就想把乖巧可爱的女儿打扮成公主。

有对夫妻为 3 岁的女儿买了条 4 000 元的裙子，高高兴兴地送孩子上幼儿园。幼儿园的孩子非常活泼好动，一个小朋友一不小心就把小女孩的新裙子扯坏了。小女孩的父母直接找到老师要求对方父母赔偿，经过老师的沟通协调，对方父母赔了 3 799 元。这件事的结果就是幼儿园里再也没有小朋友愿意和小女孩讲话了。

因为一条昂贵的裙子，小女孩失去了伙伴。

父母本想通过优渥的物质条件培养孩子抵抗诱惑的能力，建立信心，没想到适得其反。用来表达父母之爱的物质条件，最后成为孩子高消费欲望的诱因。家长还没有培养出孩子将才华变现的能力，就已经培养出孩子的高消费能力，一旦家庭出现变故，孩子几乎没有抵抗风险的能力，等于自毁“钱”程。

父母想让孩子未来实现财富自由，首先要让孩子远离高消费，什么都给孩子买最好的，显然不是明智的选择。

第三章

教孩子赚钱：赚钱的途径

“无财作力，少有斗智，既饶争时，此其大经也。”[1]这句话直译过来就是：没钱的时候，就只能靠体力去赚钱；有一点儿钱的时候可以靠智力去赚钱；财力雄厚的时候要把握时机赚钱。中国古人用三句话就说透了财富积累的过程。

孩子大学刚毕业的时候，收入来源非常有限，通常只有工资收入，只能“无财作力”，少数孩子会有创业收入或投资理财收入。随着孩子原始资金的积累、能力和认知的提升，孩子获得收入的渠道和数量会逐步增加。

学会赚钱和控制支出是聪明孩子成为“优等生”的关键所在。

收入是孩子不可控的部分，但消费支出是可控的。孩子要

① 引自《史记·货殖列传》。

完成原始积累，最好的方式是最大化地提升收入，最小化地控制支出。收入越高，支出越少时，孩子才会有积累，反之就会产生负债。

孩子学会赚钱才能确保上游有水，才有能力为下游提供持续的水源供给。

赚钱能力越强的人，未来才越稳定！

赚钱的第一要素：专业。

专业是孩子在社会中的生存之本，越专业越具有不可替代性，变现能力也越强，工资定价权就越大，这也是学历高的人收入相对高的原因。所以，孩子的专业竞争力非常重要。

丹尼尔·平克在《全新思维》中提出，每个人、每个组织都要问自己三个问题："是否电脑可以比我干得更快？""是否有外包人员能更廉价地完成我的工作？""在这个供给过剩的时代，我做的产品是否还有市场？"

这三个问题，问出了竞争力的本质。

竞争的残酷在于，不论孩子是否愿意，科技对人的替代能力越来越强，淘汰人的时候，不会说一声再见。

孩子未来是否具有竞争力，就看是否从事外包无法替代、电脑无法取代，且能跟上时代快速发展的工作。

我们需要思考的是，我们让孩子拼尽全力去完成的学业，是否具有足够的专业性？是否具有不可替代性？

赚钱的第二要素：专长。

如果说专业是收入的主要来源，专长则可以帮助孩子开辟更多的上游收入渠道。

刘慈欣被誉为“中国当代科幻第一人”，凭借《三体》获得了世界级科幻文学奖雨果奖最佳长篇小说奖。

有趣的是，他的主业是山西省阳泉市娘子关发电厂计算机工程师，却利用写作特长在业余时间出版了13本小说集，连续数年获得中国科幻文学最高奖银河奖。2013年，他更是以370万元的年度版税收入成为第一位登上中国作家富豪榜的科幻作家。

他是专职写小说的吗？错！他是发电厂的计算机工程师！

他是学中文的吗？不！他的专业是水电工程。

没有经过专业学习，从小喜欢写作的他成了著名作家，用自己的特长创造了财富，成功地让非劳动收入超过了劳动收入，实现了财富自由。

像刘慈欣一样具备专长的人还有很多，通过做视频、做直播销售、做自媒体，甚至PPT（演示文稿）制作等，都成功让专长变了现。

赚钱的第三要素：经验。

经验和工作年限没有关系，和人的能力、投入时间的长短、专注程度有关。

有的人在一个领域内做了很多年，只不过是把一年复制成了很多年，而实际经验还是一年；有的人却把一年过成了N年，让经验成倍增长，年龄不大经验却很丰富。

很多咨询顾问、培训师、技术指导、医疗专家等，都把自身在某个领域中沉淀的经验变现，从而获得额外收入。

赚钱的第四要素：知识。

世界总是善待喜欢钻研的人。

随着生活节奏的加快，人们获取知识的方式也在悄然发生变化。我们会发现无论是朋友、同事还是孩子，已经习惯为感兴趣的知识付费学习。

2016 年是知识付费的重要年份，中国科技发展让付费领域的变现手段变得越来越方便。专栏订阅、付费课程、有偿问答、内容打赏和线下社群等吸引了很多人，庞大的付费群体使知识付费蕴藏着巨大的商机，为知识渊博又擅长表达的人提供了巨大的变现机会。

赚钱的第五要素：时间。

洛克菲勒说：**“整天工作的人，没有时间来挣钱。”**

又穷又忙，是一个人人生最无奈的状态。人只有摆脱了又穷又忙的状态，才有可能思考如何改变现状。

意大利经济学家维尔弗雷多·帕累托说：“在人的活动中，20% 的重要活动贡献给了 80% 的成果。”时间投在哪里，结果就在哪里。如果人们每天总是把时间耗在没有价值的事情上，时间就没有价值；每天抽出时间投在有价值的事情上，未来才会变得有价值。

刘慈欣把时间投在他认为有意义的写作上，最后产生了巨大的价值。

如果我们想让孩子未来有更多的收入来源，就要帮助孩子提高赚钱的能力，要么让专业更不可替代，要么具备更多的专长，合理规划自己的时间，让时间发挥最大价值。

赚钱，是孩子生存的必备技能，是摆脱生活桎梏的有效方式。

赚钱能力：让孩子保持持续收入的能力

社会、生活都充满变数，我们永远不知道机会和风险哪个先来。

危机突至，收入来源单一、储蓄率较低的人，最容易陷入被动的境地。

居安思危，孩子即使有固定收入，也要考虑收入增长的速度，还有可能面临的风险。孩子如果想创业或者做自由职业，要考虑收入的波峰与波谷及如何应对市场突变的风险。

应对风险，提升生存能力，是我们教给孩子的第一课。在面对机会或风险的时候，孩子要提前做好充分的准备。

首先，孩子要拥有较强的专业能力。

有一定的专业能力是生存的基本需求，专业能力越强，孩子的变现能力越强。

2019 年，华为公司高薪招揽 8 位博士生，开出了高额年薪，最高年薪 201 万元，最低的年薪 89.6 万元，引得众人羡慕。华为已经有众多博士，他们凭什么获得超出博士常规的薪酬呢？

答案就在他们的简历里，高薪博士不仅拥有博士研究生学历，而且关键是，他们的研究成果是其他博士难以取得的。（见表 3）

表 3　华为 2019 届 8 名顶尖博士学术背景

姓名	薪资（万元）	毕业学校	研究方向	文章
钟钊	182~201	华中科大本科 中科院硕、博	人工智能	1 篇高水平 SCI 论文，2 篇顶尖论文
秦通	182~201	浙江大学本科 香港科技大学博士	即时定位与地图构建	1 篇高水平 SCI 论文，2 篇顶尖论文，1 次 Best student paper 奖
李屹	140.5~156.5	北京大学博士	软件形式化验证	至少 8 篇论文
管高扬	140.5~156.5	浙江大学本、博	物联网	2 篇 IEEE 会议论文，2 篇 ACM 会议论文
贾许亚	89.6~100.8	清华大学本、博	软件无线电	2 篇期刊论文，3 篇 IEEE 会议论文
王承珂	89.6~100.8	北京大学本、博	功耗控制	至少 3 篇 IEEE 会议论文
林晗	89.6~100.8	中科大本、博	大数据	至少 1 篇 SCI 论文
何睿	89.6~100.8	中科院博士	计算数学	不详

不仅是科研人员可以把专业做到极致，普通人也可以把专业做到极致。

新津春子是一名清扫员，和同事们把日本东京羽田机场打扫成了“世界上最干净的机场”：玻璃完全透明，有手印会立刻被擦掉；座椅不能只是表面干净，如果没有乘客，要检查座椅的缝隙里是否有垃圾和污渍；扫地和拖地时，将拖把脏的一面朝内放入清扫车，既保证美观，也避免不慎碰到乘客……

在最初入行的10年中，为了多挣钱和考取领域内的专业资格证书，她每天工作10多个小时，全年不休息，积累了全面的清扫知识。

1997年，新津春子在日本全国“清扫技能锦标赛”中获得第一名，成为该竞赛历史上最年轻的冠军，一举成名。

她不但把清洁工作做到极致，还出了4本书，成功地为自己拓宽了收入来源。

电影《无双》中周润发曾经说过：“这个世界上，一百万人中只有一个主角，当主角的都是能够达到极致的人。”

其次，孩子要具备专长。

30年前，没有人会想到在线销售会成为一种趋势，电子游戏会成为一种产业，线上上课能够赚钱，网红也是一种职业，自媒体“大V”会有较大影响力，宠物服装设计、娱乐产业蓬勃发展……

随着科技的发展，新产业、新技术、新业态不断更迭，涌现出许多让人意想不到的机会。未来充满太多的挑战和机遇，没有人清楚未来会如何发展、哪种人会发展得更好，但社会呈现多元化发展的态势，让拥有专长的人在变革的时代有可能有更多的机遇。

人生无边界，父母别给孩子设限！无法预知的未来，充满未知的机遇，专长里蕴藏着人生无限的可能。

最后，孩子要勇于尝试。

随着家庭对孩子的财商培养意识的增强，我们看到越来越多聪明的家庭行动起来了。

浩峰上初一时，学校举办嘉年华活动。他准备在活动上销售自制的饮料——蜂蜜柠檬茶。一个纸杯、一片柠檬加半杯蜂蜜水，一张桌子和一张海报，简简单单的饮品摊位就开张了。

活动当天下午，天气非常热，人头攒动的大厅里更是热浪滚滚，他托着沉重的盘子，满头大汗地穿梭在人群中叫卖。4 个小时后，他拖着疲惫的身体回到摊位上盘点时，2000 多元的收入让他惊喜得跳了起来，身上的疲惫感一扫而空。

一年后，他参加青少年财商培训，提出的万物租赁网项目及运营思维，让评委看到了浩峰在商业上的潜力。

再好的想法，没有实施等于空谈；再糟糕的想法，一旦行动起来，孩子也有可能成功。世事无绝对，如果我们愿意让孩子去尝试，也许会有意外的惊喜。

学历价值：告诉孩子，为什么要好好学习

在说服孩子好好学习这件事上，我们真是绞尽脑汁。如果我们只是告诉孩子："好好学习才能过上好生活。"可以想象，这句话就像过堂风一样，飘过孩子的脑子后完全没有留下痕迹。

吃穿不愁的孩子似乎很难理解好生活是什么，仅从物质上来看，现在的生活比家长当年过的生活好很多。

我们用最底层的生存需求和已经进入高需求层面的孩子对话，就像孩子想吃冰激凌，我们却给他馒头一样，注定无法让孩子动心。

如果过好生活意味着可以吃冰激凌，对经常吃冰激凌的孩子来说，过上好生活显然没有吸引力。对于生活没有目标的孩子，过度优渥的生活条件是空虚的前兆，这不是我们想要的结果，我们必须寻找其他可以激励孩子的方法。

物质条件优越到了一定程度，每个人都会出现更高层面上

的精神需求，成就和梦想就是孩子的“精神冰激凌”。

梦想早早就被标注好了兑现的筹码，学历就是兑换梦想的筹码之一，我们期望用以终为始的方式，用梦想激发孩子努力学习的动力，使孩子就像永动机一样，只要我们轻轻推一下，就能长久持续地运动下去。

在大部分行业中，高学历的人比低学历的人有更高的起点和更高的收入，这是无可辩驳的事实。

高学历是部分行业必备的通行证。在高精尖科研领域、医疗、金融、律师、管理咨询等行业中，招聘需求上清晰地标注了最低学历要求，教育行业有的甚至要求从业者学历是博士研究生以上。

以律师行业为例，国内顶级律师事务所和外资律师事务所，学历起点基本上是“985”硕士研究生及以上学历。颇受欢迎的IT、人工智能等行业，应届毕业生年薪高达数十万元甚至上百万元。

高回报率让各大高校的相关专业成为热门专业，报考人数一年比一年多，录取分数也是一年比一年高。

拥有高学历者不仅在就业上占有优势，在考研、晋升、职称评定、考公务员等方面也有优势，在眼界、见识、人脉等方面也有潜在优势。按照社会人才评估体系，学历就是孩子进入社会的初期价值。

作为赚钱能力的第一要素，学历仍然是才华变现的重要因

素，是我们实现梦想的有效途径。既然如此，我们还有什么理由不努力学习呢？

作为成人，我们非常清楚学历的价值，如何让孩子理解和接受这一点，并将其转化为学习行动力，是对我们的考验。

对精神需求高于物质需求的孩子，我们要帮助他们找到想要的生活状态，把生活状态具象化。

我们问一些父母，他们的孩子最喜欢什么的时候，父母们哭笑不得地说："打游戏。"甚至有的孩子会说："我以后可以专职打游戏赚钱。"

面对孩子的回答，父母有些不知所措。

于是，我们组织孩子到一家电子竞技俱乐部去体验，职业选手分享了训练的辛苦经历：每天除了吃饭、睡觉，就是不停地打游戏，生活非常枯燥，甚至比学习还要辛苦。听到这些，孩子们沉默了。

我们羡慕别人的生活，殊不知别人也在羡慕我们。

父母与其喋喋不休地让孩子好好学习，不如让孩子提前感受他们感兴趣的事物，这样会对他们学习，对帮助他们理解高学历的重要性，有意想不到的效果。

“斜杠”能力：多一份兴趣，多一次机会

2020年，锤子科技罗永浩的还债新闻让更多的人看到了“斜杠”能力的重要性。背负6亿债务的罗永浩在2年左右就还清了4亿元债务，赚钱速度快得让人产生了疑问：“什么行业能如此赚钱？2年还债4亿元，罗永浩是如何做到的？”

罗永浩在微博上给出了答案：“4亿元还了将近2年，4亿元不只是直播带货的钱，做直播电商赚的钱最多只占一半，还包括卖掉手机团队和相关知识产权的1.8亿元。”

短短的几行文字，传递出了许多信息：

（1）多样化的收入构成：投资其他公司、知识产权收入。多收入渠道让他在背负巨额债务后还有快速偿还债务的能力。

（2）专长也可以赚钱：罗永浩在口才和个人号召力上，具有极强的优势，能把专长转化成电商流量，最后变现，帮助他走出人生至暗时刻。

常常把自我平庸归结为“我和他们不一样”的人，往往只愿待在自己的舒适区里；认为“他们可以，我也可以”的人，更愿意努力学习改变现状，越努力学习，能力就越强，最后不知不觉就成了“他们”。

知识付费的时代已经到来，打开知识付费平台，我们能看

到各种各样的课程：理财、沟通、教育、时间管理、历史、心理学、学科知识、PPT、思维导图等。特别留意的话我们会发现，有的课程销量惊人。

100 元的课程，如果有 10 万购买量，意味着有 1000 万元的收入，除去各种运营成本和平台费用，售卖者也能获得数百万元的收入。

被誉为“知识付费第一人”的薛兆丰，用事实证明，利用知识“斜杠”也是人生突围的一种方式。他曾是北大教授，在知识付费的早期阶段，到处是蓝海[①]，他的在线课程销量突破了 6 000 万，这个收入已经远远超过了工作收入。

经济收入决定人的底气，拥有充足底气的他，最终选择离开北大。

同样，利用知识变现的还有许多人，他们的收入也不容小觑。

英语老师 May 通过不断学习、精心设计、认真打磨、反复优化，让标价为 299 元的英语课在一个月的时间里陆续卖出了 5 000 份，除去平台分成后，收入达到数十万元。当然，这还不包括后续源源不断的收入。

我们再来看看各视频平台，拥有超高人气的网红达人都有独门绝技，如能歌善舞、会打游戏、擅长搞笑、很会服装搭配等，

① 蓝海，经济学名词，指未知的市场空间。

甚至连吃都能成为特长。他们吸引了大批人的关注，在流量就是金钱的时代，通过销售、广告、打赏等方式把流量变现。

数年前，人们还不敢想象普通人可以通过才华抓住机会，快速进入“优等生”行列。社会在快速发展，许多“未想到的机会”不断涌现，有人不仅看到了机会，还抓住了机会。

蔡康永曾说：“15 岁时，你觉得游泳难，所以放弃了游泳，到 18 岁时遇到一个你喜欢的人约你去游泳，你只好说‘我不会’。18 岁时，你觉得英文难，所以放弃了英文，到 28 岁时出现一个很有前途但要会英文的工作，你只好说‘我不会’。”

有些人 18 岁时做出选择，在 28 岁时才知道后悔。

如果后悔有用，我们还努力干什么？

人都是学习有用的知识应对当前的考试，学习“无用”的知识应对人生的考试。

孩子对什么事物有兴趣时，别因为学习成绩而让他放弃兴趣爱好，家长应尽可能地让孩子多去尝试，多一个兴趣爱好，人生就多一条出路。

创业心态：换一种思路赚钱

能成为“优等生”的人，必然有其成功的道理。

环顾四周，我们会发现身边的各种成功人士，无论是企业家还是职场精英，都有共同特征：有专长、热爱工作、有很强的自律性、认真对待工作、对自己要求高……

多数人是通过热爱工作最终实现了财富自由。

职场中我们常听到有人这样抱怨：“这不关我的事，为什么要让我做？”

但对王晓东来说，有需求的地方就意味着工作有价值。

初入职场时，王晓东在一家世界500强的公司做普通的行政工作。随着对工作越来越熟练，王晓东开始四处问同事有没有需要帮忙的工作。他帮的忙越来越多，晋升速度也越来越快，最后成了公司的总经理。

他说：“如果你把自己当成为公司提供服务的创业者，客户都需要你的服务，你就有存在的价值。如果你能提供更多的增值服务，存在的价值就更高，这样才会获得更多客户的信任，从而获得更多的业务。”

有的人从来不把自己当员工，而是以老板的心态来看待工作，尽可能地提升自己的价值。有的人把自己当员工，认为做一天和尚撞一天钟，到点就下班，老板给多少钱，就干多少活，生怕被公司占了便宜。但是，谁更有价值、更值得提拔、更值得支付高工资，公司自有一套评估标准，一旦机会来临，努力付出的人将会获得更多的机会。

王晓东之所以能够快速晋升，是因为他不断地提升自己的能力，机会自然就落到了他的身上。

成功的职业经理人奋斗的故事不胜枚举，成功的背后都是付出，没有人能随随便便成功！

家长让孩子从小以创业的心态去面对任务，未来他才有可能以创业的心态面对工作，看问题会从老板的角度去思考，更能发现问题，成为更有价值的人。**具备创业心态的孩子，职场晋升速度远远快于抱有打工心态的人，快速晋升也意味着收入在快速增长，会离实现财富自由更近。**

创业心态能改变孩子看问题的角度，让孩子具备创业心态，是在为孩子创业做准备。

投资理财：用钱赚钱，才是最快的

世界上谁是跑得最快的人？

“世界第一飞人”博尔特，是当今世界上跑得最快的人，是目前100米短跑的世界纪录保持者，100米短跑成绩为9.58秒。

作为普通人，我们如果想在100米赛跑中超过博尔特，要怎么做呢？

答案是乘坐交通工具。否则拼尽一生，我们也无法超越他。

如果我们期望孩子的财富增长速度超过同条件的家庭的孩子，有什么好方法呢？

张行长的故事非常有意思。从女儿出生开始，她每年都会给孩子存入一笔压岁钱，年复一年，时间过去了十几年，孩子的压岁钱已经是一笔不小的数目了。

因为工作忙，她总是忘记帮孩子打理压岁钱。

有一天，她和朋友谈到了孩子的压岁钱，朋友也是金融人士，每年都把孩子的压岁钱进行投资理财。她们俩的孩子年龄相仿，每年的压岁钱差不多，十几年过去了，压岁钱的数目差别有多大呢？

她颇为遗憾地摊开双手告诉我们，朋友的女儿的账户里已经有80多万元，而她女儿的账户里只有十几万元。

每年差不多的压岁钱，经历了同样的时间，投资理财让财富产生了如此多的增长！

人挣钱很慢，钱生钱很快。

人跑得再快，也有极限；工作收入再高，也会有天花板。如果我们让钱生钱，就像让人坐在汽车上和博尔特赛跑一样，能够获得最好的结果。

如果我们仅有工资收入，通常难以让孩子实现财富自由。我们若期望孩子未来的生活不受制于工资收入，就要教孩子进行投资理财。

存钱是一场修行，一场与欲望较量的修行；投资理财是一场赛跑，一场和年龄、通货膨胀进行的赛跑。

我们要让孩子学会存钱，学会抵抗诱惑，学会投资理财让财富保持增长，才能确保财富经得起岁月的消耗，扛得住通货膨胀。

通货膨胀就像是一个装满水的木桶，木桶上有肉眼不可见的细缝，在不知不觉中，木桶里的水就会越来越少。

投资理财就像水桶上方的水龙头，会源源不断地为水桶续水。

唯有财富增长率超过通货膨胀率，我们的财富才能不减少。

如果我们有记账的好习惯，每年做一次收入盘点，会发现家庭的财富收入结构有所不同。

西南财经大学中国家庭金融调查与研究中心联合蚂蚁集团研究院，发布了一份关于2020年新冠肺炎疫情下中国家庭财富变化趋势的调查报告。报告调研对象为支付宝上面的活跃用户，涵盖了全国29个省级行政区。通过对调研数据进行分析，他们发现：

（1）2020年中国家庭财富增速远高于收入增速。

数据显示：2020年第二季度后，中国家庭财富持续增加，就是家庭财富在第二季度后逐步回升，但是就业率并没有以同等比例回升。如果家庭财富上升的动力并不是由工作提供的，那应该就是由投资理财提供的了。

（2）家庭财富结构中呈现明显的分化现象。

数据显示：年收入超过30万元的家庭财富指数全年一直保持较高水平，年收入为10万~30万元的家庭财富指数在第三季度才开始正增长，年收入为5万~10万元的家庭财富指数直到第四季度才开始正增长，年收入为5万元及以下的家庭财富指数则一直处于较低水平。

这说明高收入家庭财富收入里金融和资产收入占据了较大份额，年收入为5万元及以下的家庭几乎没有投资理财收入，其结果就是收入高的家庭财富增长也快，进一步加大了和低收入家庭之间的差距。

报告显示：对很多中产家庭来说，投资理财收入可能早已超过了劳动收入。如果家庭的收入结构已经呈现多样化，是非常可喜的事情，说明我们已经进入财富增长的快车道，那就要把财富增长的经验传给孩子。**孩子一生能有多大的财富自由度，不仅取决于孩子赚了多少钱，还要看他如何管理钱，怎么做好“存、花、投”三部曲。**

赚钱锻炼：让孩子亲自实战

“纸上得来终觉浅，绝知此事要躬行。”

孩子不心疼爸妈，是因为不知道爸妈工作有多辛苦。

要想了解孩子对赚钱辛苦的理解程度，我们可以向孩子发问：“赚钱容易吗？”

无论孩子回答什么，我们都要进一步追问：“为什么？”

在我们和不同年龄段的孩子的沟通中，回答“比较辛苦”的孩子占少数，大多数孩子认为“还好”“比较轻松”。

我们进一步追问父母赚钱辛苦的表现时，孩子们的描述往往停留在表象上：“父母很忙，回家时间比较晚。”“回家后不爱说话。”“经常出差。”“经常打电话。”……

因为爱，我们常常把生活美好的一面展示给孩子，很少说自己遇到的困难和艰辛的经历，如上级的指责、同事间的竞争、客户的刁难、工作的强度和困难、身心压力等。

生活总是让人心里五味杂陈，幸福是对比出来的，这也是为什么我们在经历工作、结婚、生子后，更能理解父母。

孩子只有感受到我们的艰辛，才会更加理解我们，珍惜现在的生活。

我们想要孩子过上“优等生”的生活，就不要一味地对他精心呵护，给他最好的生活，而要让孩子得到更多“喜怒哀乐悲”的历练，这才是他人生中获得的最大财富。

风口经济：到哪里找高收入的工作

我们在调查不同家庭对孩子的工作期望时，“获得更高的收入”是出现频率最高的话，隐藏着父母对孩子的生活的期盼。

高收入行业随着不同时期的经济发展情况而不断变化。如果孩子正好进入一个风口行业，获得高收入的概率就会大大增加。

风口不断变化，从传统能源行业到地产行业，再到今天的人工智能行业，社会见证了风口行业变化的过程，也见证了高收入工作的变化，有的“金饭碗”变成了“土饭碗”，也有不起眼的“土饭碗”逆袭成了“金饭碗”。

获得的利润越丰厚，公司越有实力为员工提供高薪资；从事利润微薄的行业，即使孩子拥有突出的个人能力，收入仍然不如从事利润丰厚的行业，财富增速较慢，实现财富自由的时间就会较长。

所以我们的孩子要抓住机会，加速积累原始财富。

选对行业，是实现财富快速积累的有效途径。

过去的许多年间，发展迅速的行业主要是互联网、人工智能、大数据、电子商务、游戏、科技制造等，吸金能力惊人，赚钱速度快，利润高，吸引诸多公司纷纷进入这些领域，造成市场优质人才稀缺的现象，企业更愿意付出高薪来吸引人才加入。

从当下大受欢迎的 IT 行业来看，员工年度工资收入从数十万元到数百万元不等，特殊人才薪资甚至更高。

如果我们的孩子毕业时入职互联网公司，年薪是 50 万元，同年其他孩子进入其他行业，年薪为 10 万元。5 年后，他们之间的财富差距并不是 250 万元和 50 万元的差别，还包括 5 年内可能遇到的一系列财富增值机会，如买房、公司期权、学习等，进一步加大了人与人之间的财富差距。

现在我们看到的在这些行业取得良好发展的人，可能在 10 年前就已经布好了局。

孩子能否进入风口行业，在一定程度上取决于我们能否在早期帮助孩子做好职业生涯规划。

吸金能力：获得流量话语权

人们对手机的依赖程度越来越高，加上网络传播具有很强的交互性和真实性，给流量变现提供了绝佳的前提条件。

现在是互联网媒体时代，视频平台为个性十足的人提供了充分的技术支持，便捷的技术降低了传播的门槛，让每个人都能成为信息的传播者、提供者、创作者。

自媒体取代了过去的传统媒体，让传统媒体失去了对宣传渠道的绝对控制权，影响力被分散到各个自媒体上，有高影响力的人活跃起来，凭一己之力迅速吸粉数百万甚至上千万，远远超过传统媒体的力量，顺势瓜分了传统媒体的权力和利益。

“个人品牌”乘着风口得以快速扩展，以让人瞠目结舌的速度实现了流量变现。

许多博主、“大 V”等自媒体创作者，游戏创作者等，乘势而红，吸引了数量庞大的粉丝群体，通过广告、商业代言、销售提成等收入，在极短的时间内财富剧增，有的人年度收入甚至可以达到上亿元。

高收入就藏在风口里。我们是否已经为孩子准备好了“追逐风口”的知识和能力呢？

家务实战：孩子做家务这样给钱，才不养“白眼狼”

孩子做家务给不给钱？不同的家庭有不同的看法。

张欣，一个期望把孩子培养成暖男的80后妈妈。她是非常赞同让孩子做家务的。从孩子5岁开始，为了提高孩子做家务的积极性，她借鉴了其他父母的做法，根据难易程度把家务进行分类，标注了不同的价格，从1元到数十元不等。比如，收拾桌子1元、扫地2元、扔垃圾2元等。

从小由爷爷奶奶带大，连吃饭都要人追着喂的孩子，非常抗拒这件事，但是经不住金钱的诱惑，半是抱怨半是开心地开始做家务了。

刚开始的时候，张欣很开心，但过了一段时间后，就有点儿开心不起来了——因为她发现孩子慢慢地变得非常物质化。孩子做家务必谈钱的情况越来越多，但凡她让孩子做一点儿事，孩子都会要求她支付报酬。比如，她在厨房做饭，让孩子拿盘子，孩子会问：“妈妈，拿盘子多少钱？”

张欣有点儿不知所措：“我只是想培养一个爱劳动、愿意帮助家人的孩子，为什么培养出了一个只认钱的孩子？问题到底出在哪里呢？”

中国愿意让孩子做家务的父母越来越多，**从只关心孩子的学习到有意识地让孩子参加家务劳动，是教育认知积极变化带来的结果**。如何既锻炼孩子又不让孩子变得物质化，是父母要不断思索的问题。

对这个问题，琪琪就想到了一招。

琪琪设立了家长轮值制度，从孩子6岁开始，每周六和周日是孩子当家长的日子。这一天，由孩子负责分配家里的财务支出——孩子可以根据自己的想法来安排生活。最初几次孩子状况频出，由于对生活没有计划，很容易忘记准备三餐，一家人经历了没有正常三餐或连吃两天比萨的情况。

变化发生在两个月后，尽管孩子还需要家长帮忙，但家长惊喜地发现，孩子的三餐安排开始正常了，食品采购做得有板有眼，作为轮值家长，孩子已经做得有模有样了。

父母要教会孩子如何对待三件事情：责任、权力和利益。三者既相互制约又相互作用，责、权、利对等才能调动孩子的积极性。

责任是指孩子应尽的义务、应做的事、应承担的责任。我们要明确地告诉孩子，什么年龄要做什么样的家务，让孩子把要承担的责任牢牢地记在心上，避免孩子成为家庭中的甩手掌柜。比如，2 岁的孩子不能干太多的事情，但是把自己的袜子放到指定的地方应该是没有问题的。

权力是指孩子完成任务后，可以获得某种支配权。

利益是指孩子能够得到什么样的好处（包括物质上的或精神上的）。

教育错位往往是因为父母只强调其中一个因素，而忽略了兼顾其他因素。家长要培养有责、权、利意识的孩子，就要充分考虑孩子应承担的责任，给予他相应的权力和利益。

仅从让孩子做家务的事情来看，张欣告诉孩子做每样家务都会获得相应的报酬，是在强调孩子享受劳动带来的利益，却忽略了孩子做家务的责任和义务。

张欣让孩子做家务给报酬的简单教育行为，表面上是在培养孩子做家务的能力，但当我们透过这种教育行为看背后的价值观时，会发现她的行为其实是在让孩子享受做家务的利益（做就有收入，不做就没有），却不承担责任（孩子应该承担的家务义务）。父母只强调利益而忽略责任，这样培养出来的孩子，只知道一味索取，缺乏责任感。

孩子做家务前，我们要提前明确地告诉他对等的责、权、利：

责任：每个人都是家庭的一分子，应当担负相应的家务责任。根据年龄差异，孩子也要承担自己这个年龄段内力所能及的家务。

权力：孩子完成家务后，可以享受什么样的支配权。

利益：孩子完成家务后可以获得什么样的奖励。

对于孩子，家长要明确地告诉他哪些家务是义务的，完成义务部分不付费；完成超过孩子的义务范围的家务，可以得到相应的奖励。家长慢慢帮助孩子树立“我是家庭的一分子，应该主动付出”的意识。

家务责、权、利分配操作技巧：

提前准备：家长根据孩子的情况，建立不同年龄段的家务责、权、利对应表，如表4。

表4　部分年龄段的孩子家务分配表

<table>
<tr><th>年龄（岁）</th><th>个人部分</th><th>公共部分</th><th>责任</th><th>权力</th><th>利益</th></tr>
<tr><td>3</td><td>整理玩具</td><td>整理桌子</td><td rowspan="5">需要提出孩子理解的标准，让孩子按要求完成</td><td rowspan="5">自行商量</td><td rowspan="5">义务内免费，超龄项目付费</td></tr>
<tr><td>4</td><td>整理书架、选衣服、穿衣服、洗杯子（含3岁以上）</td><td>擦桌子、倒垃圾（含3岁以上）</td></tr>
<tr><td>5</td><td>整理房间（含4岁以上）</td><td>扫客厅、摆放碗筷、接待朋友（含4岁以上）</td></tr>
<tr><td>6</td><td>洗袜子、内裤（含5岁以上）</td><td>取快递、买常规用品(含5岁以上)</td></tr>
<tr><td>7</td><td>检查作业、准备上学物品（含6岁以上）</td><td>洗碗、聚会准备（含6岁以上）</td></tr>
</table>

沟通最佳时机：在具有特殊意义的时刻（新年和孩子生日

都是很好的时机），家长和孩子沟通家务分配情况。

注意事项：

（1)家长要准备孩子不同年龄段需要义务完成的家务清单，用孩子可以接受的方式进行确定。比如，对幼龄段的孩子，家长用图片方式进行；初中以上的孩子，家长尽量用孩子认可的其他方式进行，避免让他因觉得幼稚而产生抵触情绪。

（2）责、权、利沟通。家长要界定义务家务的范围，沟通超过义务范围部分孩子可以得到的奖励。随着孩子年龄的增长，家长要对责、权、利进行相应的调整。

通常来看，刚开始实施这个方案时，会存在如下两种情况：

（1）家庭成员越俎代庖，帮助孩子完成；（2）孩子耍赖不想做。

针对第一种情况，我们要和家庭成员求同存异；针对第二种情况，我们要坚持不退让，采用恰当的方法鼓励孩子完成家务。

这里我们需要特别提醒的是，关于孩子没有完成家务的处罚，一定要提前和孩子约定好，双方达成一致后方可实施，千万不可单方面决定处罚方式；如果按约定应当对孩子进行处罚，家长要坚持按约定进行，不能因为心软而放弃。

如果方案第一次实施就出现执行不力或者讨价还价的情况，会让孩子对约定的权威性产生怀疑，为以后方案的执行带来隐患。

哈佛大学一项调查研究显示，做家务和不做家务的孩子，成年之后的就业率为 15 ： 1，犯罪率是 1 ： 10。做家务的孩子，离婚率低，心理疾病患病率也低。

既然让孩子干家务有这么多好处，我们还有什么理由拒绝呢？

生存实战：让孩子摆一次摊，胜过我们说一百次道理

在让孩子吃苦上，父母各有奇招，如把孩子送到农村、去沙漠徒步、参加“忆苦思甜”活动、参加军事训练、参加公益活动等，让孩子吃苦已经变成了一个需要花钱体验的事情。

我们苦口婆心、不厌其烦地叮嘱孩子的道理，很容易被孩子当作耳边风，**百般教导不如让孩子承受一次社会的冲击有效果。**家里温暖的舒适区是孩子成长的最大阻碍，我们只有让孩子走入真正的社会去感受人间冷暖，体会来自社会上的善意和恶意、温暖和冷漠，孩子才会被触动进而发生改变。

为了让孩子理解父母赚钱的辛苦，我们设计了财商实战训练——青少年集市，让孩子到真实的街头巷尾摆摊。

集市有的安排在元旦，气温较低；有的安排在盛夏，酷暑难耐。项目中的工作人员并没有因为参与者是孩子而刻意提供太阳伞、花车等让人舒适的物品。露天的街道环境，天气情况

和行人都完全不可控，没了舒适的环境和刻意照顾自己的爸妈后，孩子们会有什么样的表现呢？

报名摆摊的孩子年龄从3岁到10多岁不等，从摆摊开始到结束，会有什么样的变化呢？

街上来来往往的行人，大部分行色匆匆，面对孩子们的货摊，主动过来询问的人并不多。

如何让别人买自己的东西？自己要采取什么样的行动？这对孩子来说是一种全新的挑战。

没有经验的孩子，刚开始不知所措地站在摊位前，怯生生地看着远处的行人，时不时地看一下自己的父母，间或看一下其他小伙伴的货品。有的孩子站在摊位后摆弄自己的物品，偶尔有人上前询问，孩子便回答一下，没有人时就在摊位前安静地等待。有的孩子会吆喝，但稚嫩的声音很快就淹没在喧闹的广场音乐中，吆喝声显然没有多少吸引力。时间一点儿一点儿地过去，孩子们开始发生了变化。有的孩子主动走向行人，努力又笨拙地推销着自己的商品，成交的孩子欢喜雀跃，没有成交的孩子羡慕地看着。在成交的孩子的激励下，孩子们又出现了积极的变化，不会吆喝的孩子开始吆喝起来，走三步退两步地走向行人，也开始推销商品；安静地等候顾客的孩子，从坐销改为行销，抱着几件物品四处走动，主动向来往的行人兜售商品。

有个3岁的女孩子，被太阳晒得蔫蔫的，白嫩嫩的小脸热得通红，看着哥哥姐姐们开始卖东西，跺着脚噘着嘴耍起了脾气，甩着胖胖的小手想打退堂鼓。一旁年轻的爸妈不断地鼓励她，陪着她坚守在摊位前叫卖。

一个带着年龄更小的孩子的老人走过这里，孩子被她稚嫩的声音吸引，踉踉跄跄地跑过来，好奇地打量着她手上的小拨浪鼓。两个小孩子，一个孩子使劲地把拨浪鼓塞到另外一个孩子手里，老人忍不住笑了，最后买下了拨浪鼓。小小的成功让小女孩非常开心，她一直坚持到摆摊结束。

小女孩的妈妈说："我以为她下次肯定不参加了，结果孩子说还想参加。"

集市结束后，我们让每个家庭的成员都谈了感受，父母的感受是："这么热，没有想到孩子能够坚持这么久。""孩子居然敢向陌生人卖东西！""孩子自己还会想怎么才能卖更多的钱。""孩子在家不敢说话，今天总算主动说话了。"……

父母惊讶和感叹的背后，是每个孩子身上蕴藏的无限潜能，它在等待合适的时机迸发出来。

孩子们的感受是："没有想到赚钱真的不容易，一早上都没有赚到一个汉堡包的钱。""天气好热，又累又饿。""无论我怎么说，人家都不愿意买，真的太难了！""很多人不理我，我都不知道该怎么办了。""他们不但给的钱少，还要我送他们东西，赚钱好难。""他们好挑剔，一会儿说这里不好，一会儿说那里不好，太不好说话了。""为什么我选的东西没有人喜欢？”……

赚钱是否辛苦不需要我们说，一次实践就能让孩子深刻地体会到。

经受过社会“毒打”的孩子，更能感受到父母的不容易。

对于这点，宋美暇很有心得。她的孩子经常去小商品集市摆摊，有的时候还能收入一百多块钱。这对孩子来说就是一笔巨款，孩子称其为“我的第一桶金”。

多次参加集市摆摊训练后，孩子学会了在网上买同学喜欢的小玩具，然后卖给同学，零用钱基本上是自己挣的。有一年夏天，她用挣的三百多块钱请小伙伴吃了冰激凌，非常开心。

以前家庭条件较好，孩子对钱没有什么概念，现在宋美暇问孩子要买什么时，价格稍贵的东西，孩子总要盘算半天才会决定是否需要买，一副持家大人的模样。

摆摊是非常有效的财商培养方式，不仅是生存体验，从摆摊中，孩子还可以学习销售、市场、产品、客户心理、心理抗压等方面的技巧和能力。

孩子掌握下面的技巧（见表 5），财商学习会变得更简单。家长和孩子一起坐下来，拿好笔和纸一起开始学习吧。

表 5 摆摊训练父母指导手册（“5W2H”的技巧 + 财商）

父母提问	问题对应知识点	准备（孩子记录，父母配合）
What： 这次摆摊，你想怎么做？ 你想赚多少钱？	项目思维 钱的概念	和孩子探讨本次任务的目标
Why： 如果要赚这么多钱，你想卖什么呢？ 你觉得会有什么人来买？	产品知识 客户思维 市场意识	列出物品清单及卖给谁
Who： 摆摊会有哪些事情？ 谁来做这些事情呢？ 你需要我做什么事情吗？	全局思维 任务管理及分工	引导孩子列出所有可能任务，并一一分配人员
When： 什么时候开始准备物品呢？ 需要哪些物品，要准备多少？ 我们什么时候出发？	物资管理 时间管理	让孩子自己理物料清单；引导孩子把每个任务做好时间安排
Where： 摆摊的地方在哪里？ 如果我们去早了，可以摆在哪里？ 如果去晚了摆在哪里？	环境预判 风险管理	引导孩子思考可能存在的风险，并考虑解决方案

续表

父母提问	问题对应知识点	准备（孩子记录，父母配合）
How： 如果没有人来买，你会怎么办呢？ 你的货摊怎么能吸引更多人来看呢？ 你准备的货品不够怎么办？ 如果我们都起晚了，时间来不及怎么办呢？ 如果东西卖不出去，怎么办？ 以上问题结束后，可根据情况再问："还有没有更好的办法呢？" 对训练孩子开放性思维更有帮助	风险管理 市场意识 商品管理	引导孩子思考如何应对每种存在的风险
How much： 每样东西，你准备卖多少钱？可以赚多少钱呢？ 你准备这些东西要多少钱？	成本意识 预算管理 盈利意识	引导孩子思考每样物品的成本、售价，为活动结束后复盘做准备

在摆摊项目中，我们的角色是助理，任务是引导孩子大胆说出他的想法，想法是否完美并不重要，重要的是让孩子思考。

当孩子确实不知道如何去做时，家长可以适当地给出建议，为孩子提供思路，但千万不要直接告诉孩子如何去做。

家长培养孩子发现问题和解决问题的能力，只是通过参加活动是无法完全实现的，还要经过活动复盘才可以。

活动结束后，请家长及时和孩子进行活动复盘，复盘按以下步骤进行：

（1）你觉得活动怎么样？

（2）本次活动，你对自己最满意的地方是什么？

（3）如果下次再来参加活动，你觉得还要做什么准备结果会更好？

孩子要学会总结经验，找出改善方法，在复盘中成长。

工作实战：聘请孩子当助理，杜绝娇生惯养

锻炼孩子赚钱的形式多种多样，摆摊、做家务是很好的方式，父母让孩子做自己的助理同样是不错的方式。

梅耶·马斯克和戴维斯家族都用过这样的方式。助理工作会让孩子产生自豪感，让他们对工作概念有深入的了解。

陈然是个培训师，准备去给教育局的老师上课时，郑重地向孩子发出让孩子当助教的邀请，16 岁的孩子欣然答应。

培训开始前，她和孩子坐下来认真地讨论了助教的工作职责：

（1）培训中的职责：培训过程中课程的内容框架及工作内容有提前布置场地、准备破冰游戏、中途催场、安排茶歇、准备互动游戏、准备暖场音乐、安排现场问答环节等。

（2）准备午餐：在 2 天的培训中，照顾好培训老师（妈妈），提前安排好午餐，确保培训老师能够准时吃饭、休息等。

（3）助教报酬：作为初级助教，陈然按照大学生实习费用给孩子结算工资，3 000 元/月，每个月平均工作天数为 24 天，每天的工资约为 125 元。因为孩子还不是大学生，便按照 100 元/天来支付，额外提供一顿午餐，如果孩子没有达到工作要求，就会适当扣除助教工资。

成为妈妈的助教，孩子感到非常开心。虽然已经上高二

了，学习任务比较重，但是她还是早早就开始准备助教工作、挑选音乐、熟悉游戏规则、打听周边有什么吃的等，还时不时地和妈妈沟通具体细节。

第一天培训结束后，培训中两位经验非常丰富的专职助教要对当天的培训情况进行复盘，孩子也积极参与，反思自己工作中的不足之处，并思考第二天如何改进。

第二天，她果然改进了复盘中发现的所有问题。培训结束后，她参与大家复盘时说："要做好一场活动其实不简单，团队成员之间的配合很重要，要提前考虑很多细节，想得越多，准备才会越充分，活动效果才会更好。赚钱真的很不容易，上好一节课要准备很多资料，还要锻炼好身体。"

妈妈很开心，通过让孩子担任助教，不仅给孩子上了课，还能让孩子掌握课外的知识，顺便培养了财商、客户服务意识及复盘的能力，可谓一举多得。

我们总是期望用成功的案例告诉孩子，读书才是世界上最容易走向成功的那条路，可是对在蜜罐里长大的孩子来说，如果远离社会，他们会很难理解为什么读书是最容易走向成功的路。

说教是家庭教育中最容易的教育方法，但也是最无用的。**若是家长想让孩子快速成长，让孩子多接触真实的工作场景是一条捷径。**

第四章

教孩子存钱：财务自由的基石

在未知的风险面前，存款额度也许决定了生命的长度。

王尔德说：“年轻时我以为金钱是人生中最重要的东西，现在老了，才知道的确如此！”

赚多少钱很重要，存下多少钱更重要，存的钱越多底气越足，我们就能越快地摆脱“身不由己”的境地。

身不由己的人总是因为各种问题，不能按照自己的意愿生活下去，而大部分问题是财务问题，身不由己是“果”，那“因”到底是什么呢？

我们处在一个主张消费的时代，商家用炙热的目光紧紧地盯着每个人的钱包，想方设法地用各种充满诱惑又看似非常合理的理由勾出我们隐藏在心底的消费欲望，让人抛弃种种顾虑去消费。

快节奏又高压的生活，总容易让人想逃离，短时间的快感成为普通人逃离现实最好的方式。

消费与生活品质、身份、智商、个性等联系在一起时，容易让人产生幻觉，好像拥有了同款口红、手表、衣服，就能过上憧憬中的生活。

“没有一个姑娘会因为买东西变穷，尤其是漂亮的姑娘。”“以前花钱心疼，现在花钱变现，想花就花呗。”“一个女生必须拥有的 ×× 唇膏。”“真正喜欢你的人，就会为你买。”“别省了，生活不止柴米油盐。”……

一些商家把年轻人的过度消费描绘成了“前卫”，对欲望大于财力、心气高于钱包实力的年轻人来说，这就是致命的“毒药”。

“欲望”有两张面孔，对自制力强的人来说是天使，催人奋进；反之则是魔鬼，拽人进入深渊。欲望带来的恶果，正在不断地突破我们的认知底线。

17 岁的高中生为了得到一部手机，甘愿出售自己的肾脏；年轻的女孩子为了奢侈品，可以去办“裸贷”；美丽的女孩子为了得到钱，可以出卖卵子。一些人在欲望面前，所谓理性、智商、道德都荡然无存。

到底有多少人会禁不住诱惑呢？

2017 年，国际组织绿色和平发布的报告指出：中国大陆 82% 的受访者表示，看到别人穿好看的衣服自己也想买一件；

72% 的受访者表示，看到社交平台上的穿搭文会被激起购买的欲望；49% 的受访者表示，会因为偶像代言而冲动地购买一些不需要或不合适的东西。

有些年轻人还不具备赚钱能力，却深谙花钱之道，离开父母过上无人约束的日子后，有可能沦为欲望的猎物，成为被商家不断收割的“韭菜”。

计划管理：计算生活，以后才不会被生活算计

一笔存款，不能让孩子马上实现财富自由，也不能让孩子立刻成为人生的“优等生”，却可以让孩子在面对意外情况的时候，好好生存下来。

孩子想有存款，先要有计划。

存钱很简单，两步即可：第一步做好计划，第二步严格按计划执行。

有计划的孩子，不容易因生活中的“小享受”变成“月光族”“啃老族”。

父母要让孩子知道，应该明白他的钱都花到哪里去了。

秦清，每月有 7 000 元的收入，毕业后的 1 年里，需要父母支持才够花销。当父母问他钱花在哪里了，他思来想去都觉得自己是正常花销，可是钱就莫名其妙地不见了。

秦清的父母抱怨孩子花钱大手大脚时，我们问了几个问题：

（1）家庭是否有记账习惯？

（2）孩子小时候，父母是否要求孩子记账？

（3）父母是否和孩子沟通过限额消费的问题？

秦清的父母茫然地摇了摇头。他们认为记账是小事，孩子长大后自然就知道怎么花钱了。

孩子 8 岁时，何华就让孩子记现金账。

每逢月末，他和孩子会预估下个月的花销，如购买学习用品、零食等的花费，然后把零花钱全部交给孩子，让孩子每天记现金账，一个月盘点一次。

盘点时，他会和孩子沟通：费用超出预算的原因是什么？下个月孩子有什么样的调整计划？他要不要给孩子增加财务预算？

他陪着孩子去采购，会告诉孩子买东西要注意的事项、如何能够买到物美价廉的东西、团购和购买单个物品的价格差别等。

月复一月，年复一年，孩子逐渐长大，每月做预算的习惯保留了下来，从月度计划到年度计划，预算范围从学习用品到生活各个方面，如生日预算、旅游预算等。

孩子进入社会后，即使在工资不高的情况下，也能够把生活过得有滋有味。

我们在和孩子沟通财务预算时，多数孩子不知道自己的实际花费，估算的生活开销从几百元到几十万元不等。当父母说出他们的真实花费时，数据差距让孩子们诧异不已。

要消除信息偏差，培养孩子的计划管理能力和数字敏锐度，教孩子记现金账是个不错的方法，家长可以让孩子逐步提高计划管理、财务预决算管理、消费需求分析等能力。

如果孩子数学理解能力强，家长可以让孩子从小学二年级开始做财务预算计划。

首先，家长和孩子记录下必要消费和想要消费的清单，如购买学习物品、朋友聚会、外出就餐、购买书籍等的费用。

其次，家长和孩子对各种消费进行分类，哪些费用由家庭支付，哪些由孩子自己支付。

再次，家长和孩子沟通消费的金额和技巧时，告诉孩子如何买到性价比高的物品、消费的基本规则等。

最后，家长让孩子记录下他每次的消费情况。

金账记录本

	支出（元）	余额（元）	备注

，家长要提前和孩子约定好金钱的使用规则和监督

使用规则：孩子第一次使用金钱的时候，家长要告

的规则。

（2）奖励规则：家长和孩子设立激励措施，约定如果有结余，孩子可以获得什么样的奖励。

（3）敬畏规则：孩子在规则内花钱时，家长切记不可以批评；只有孩子没有按双方约定的规则花钱时，家长才可以依规则对孩子进行惩罚。

（4）监督机制：家长设立不同账务检查周期，如每周、半个月检查一次等。当孩子养成了良好的计划习惯后，家长就

可以适当延长检查周期。

养成习惯没有诀窍，就是靠多次重复。

六罐基金：管得好小钱，才会管大钱

财富自由之路都是从管理小钱开始的，1 元、10 元、100 元都是财富自由的起点。孩子能够管理好 100 元，才能管理好 1 万元、10 万元、100 万元，甚至更多。

孩子有没有钱呢？有！

《2012 年中国少儿财商调研》白皮书显示：75.9% 的孩子拥有零花钱，40% 的孩子月零花钱在 50 元以下，近 20% 的孩子月零花钱在 50 ~ 100 元之间，月零花钱 100 元以上的孩子占 16.7%。

孩子是怎么获取零花钱的呢？“父母主动给”和“孩子要就给”的情况分别占 28.7% 和 29%，约 30% 的父母在孩子生日或节日时会给钱，31.9% 的父母将零花钱与子女的劳动所得挂钩，35.2% 的父母以奖励学业的方式给孩子零花钱。

孩子的钱在哪里呢？

当我们问孩子这个问题时，孩子们或天真无邪，或愤愤不平地说：“在爸爸妈妈那里。”

父母美其名曰帮孩子保管钱，实际上是剥夺了孩子对钱的管理权。

从现在开始，父母要把钱归还给孩子，让他从小管小钱，长大后管大钱。

六罐基金法能帮助孩子清晰地理解钱的用途。

六罐基金法，顾名思义就是根据钱的不同功能分成6个不同的基金账户，让孩子以后在心里建立6个对应的虚拟基金账号。

1. 生活基金

生活基金主管孩子的衣食住行，在这个过程中，父母让孩子开始接触食物、衣服、房租、房贷、水电气、交通、保险、信用卡等生活概念。如果孩子没有生活费，父母可以把学校的生活费交给孩子，让他自由支出。

若每月的生活支出有剩余，父母可以引导孩子把余额投入其他基金，金额依据家庭成员数量、日常开销、找工作的难易程度而定。

2. 梦想基金

梦想基金是为梦想而设立的专项基金。比如，孩子想买心爱的玩具、帮助其他人、有想做的事情等。梦想和财务建立联系，延迟了孩子的满足感，可以让孩子理解世界上没有一蹴而就的梦想，学会自律和自控。

3. 学习成长基金

学习成长基金是专门为学习成长储备的基金，是最重要的账户之一。其中包括孩子想要参加的培训、购买书籍、参加活动、专项能力培训等的费用。社会在进步，知识在迭代，孩子只有不断学习才能提升竞争力。

4. 未来投资理财基金

如果孩子每次的钱都有结余投入未来投资理财基金中，基金里的钱越多，孩子实现财富自由的可能性就越大。

5. 休闲娱乐基金

休闲娱乐基金是专门为确保生活品质而设立的基金。我们赚钱的最终目的是享受生活，让自己身心愉悦。

早期财务规划中，休闲娱乐基金比例不应过大，财有余力时可以有节制地投入部分费用，让生活充满乐趣。

6. 慈善基金

赠人玫瑰，手留余香。

做慈善和拥有的财富多少无关，钱多我们可以做大慈善，钱少可以做小慈善，只要心存善意，随处可以做慈善。

孩子学会为他人着想时，就会滋养利他精神，慢慢成为心中有爱、积极向上、柔软而温暖的人。

财商培养的初期，我们应尽可能地让孩子把六罐基金分得更细致，让孩子充分理解钱的不同用途，引导孩子对未来进行思考。

收支意识：2万元的“穷人”和5千元的“富人”

月入2万元的人富有还是月入5千元的人富有？

仅从收入金额的角度来看，显而易见，月入2万元的人更富有。但事实真的如此吗？

在20世纪80年代末到90年代，著名拳王泰森被称作“穿着裤衩的印钞机”，一场比赛收入高达3 000万美元。1986—1996年的10年间，泰森7次获得“世界收入最高运动员”的称号，快速积累了巨额财富。

据不完全统计，泰森最富有的时候总收入超过了 4 亿美元。

他拥有如此巨额的财富，理论上来说，无论如何也不可能成为穷人。然而事实证明，不会管理财富的人，即使拥有巨额财富，也会因为管理不善而陷入财务危机之中。

2002 年，泰森在快速败光庞大的家产后，因为背负巨额债务而不得不宣布破产，陷入了没钱给孩子们买尿不湿的窘境。

他是如何快速败光巨额财富的呢？一方面是过度消费：有钱后的泰森，过上了极其奢靡的生活，不仅大量购买豪宅、豪车、珠宝首饰等，还养老虎，当然失败的婚姻和赌博也是加快财富流失的原因。另一方面是过度消耗自己的职业生涯：因为自我放纵，泰森被判入狱 3 年。牢狱之灾加速了他事业大厦的倾覆。泰森不再打拳后，伴随着职业光环而来的收入也随着光环的消失而消失。一边是收入锐减，一边是高额支出，收支不平衡造成严重的财务问题，最终导致泰森负债累累直至破产。

可见，收入多少固然很重要，然而结余更重要。财富自由公式告诉我们，结余金额是检验财富自由度的重要指标。

月入 2 万元，支出也是 2 万元，结余为 0 元；月入 5 000 元，支出是 4 000 元，结余为 1 000 元。如果对比结余金额，显然月入 5 000 元的人更富有，结余率为 20%。

我们不禁要问：结余率为 20% 的人是否就是富有了？

从 20 世纪 70 年代开始，中国的储蓄率长时间位居世界第一。

储蓄率越高，生活的稳定性就越高。即使收入不高，只要保持一定的结余，我们也可以通过合理规划过上幸福的生活。

接受过财务计划管理培训的孩子具备极强的收支意识，只要做到量入为出，就会获得结余。如果保证结余率在 20% 以上，持续 5 个月，孩子就可以存下一个月的工资，拥有一个月的风险抵抗金。

年轻人只要能存下钱，就走出了实现财富自由的第一步。

底线原则：搞清楚想要和必要的区别

当财务出现危机时，我们最先减少什么支出？

孩子们在面对这道题时，会做出什么样的选择？

我们可以做一个小游戏。

父母帮助孩子列出生活中可能涉及的支出：食品费，交通费，通信费，教育费，医疗费，人情费，娱乐费（包含游戏、看电影的费用），外出就餐费，旅游费，服装费，房屋维修保养费（主要指物业、水电气的费用），家庭电器费（买手机、游戏机等的费用），汽车养护费共 13 个类别。

接下来父母告诉孩子，因为现在家庭收入减少，我们需要他帮助我们一起渡过难关，请他减少不必要的花费。

随着家庭收入的进一步减少，孩子要淘汰的选项会越来越多。最后，大部分孩子留下来的只有食品费和教育费。每当孩子删去一项，我们就问为什么，孩子们给出的答案让我们深深地感受到了他们愿意和家庭共渡难关的责任心和对父母的爱："我要好好生活，好好学习，赚钱让爸爸妈妈过上好生活。""我会好好锻炼身体，不让自己生病。""我上课好好听讲，不懂就问老师，没有必要出去补课。""不出去吃饭，妈妈做的饭很好吃。""我不打游戏了。""不去看电影，电影票很贵的。""我的衣服够穿了，没有必要总是买新衣服。"……

听到孩子们如此质朴的回答，一同做游戏的父母不禁热泪盈眶。他们没有想到，当家庭出现困难时，自己最想保护的孩子会毫不犹豫地选择和爸爸妈妈共同去面对困难。

这个游戏能够让孩子理解人生重要项的排序，只有先满足生存条件，其他一切需求才有可能得到满足。

第五章

教孩子理性消费：拒绝消费漏洞

《娱乐至死》的作者尼尔·波兹曼说：**“毁掉我们的不是我们所憎恨的东西，而恰恰是我们所热爱的东西。”**

奶嘴是安抚婴儿的一个重要工具，可以缓解婴儿的焦躁情绪。现在的生活节奏很快，压力越大的人越需要“奶嘴”。要毁掉一个人，就让他陷入热爱的“奶嘴”之中，消磨他的意志力，让他慢慢丧失热情，落入欲望的深渊，丧失思考能力。

现今娱乐产业发展迅猛，我们只需要付出极小的代价，“快乐”就唾手可得。

当下常见的“奶嘴”主要有两种：一种是娱乐，追星、八卦新闻、电视剧、网络游戏、选秀、在线“口水战”等，让人在不知不觉中消耗时间；另一种是消费，炫富、抢购“网红”推荐的产品等，让人获得暂时的快乐。

生活的压力让人们更愿意给自己找点儿乐趣，随时随地给自己塞上“奶嘴”，通过短暂的快乐逃离现实中存在的种种压力和困难。

消费本是件最普通的事情，然而一旦和物欲、报复、“奶嘴”绑在一起，就会成为灾难。**为了追求短暂的快乐，迷失在欲望中的人，很容易掉入“月光”、负债的陷阱，欲望越大，陷阱越深，离实现财富自由越远。**

随着媒体的传播，不同的生活方式也逐步为人所知，人们早已不再满足于简单地购买生活必需品，对生活品质有了更高的追求，“我喜欢”“我想要”正逐步成为年轻人消费的重要理由。

一边是有限的收入，一边是对欲望的无限热爱，当收入追不上欲望的脚步时，生活中轻易可得的“奶嘴”就成了最好的替代品。

生活中的“奶嘴”无处不在，犹如巨大的旋涡，会或多或少地不断消耗孩子的时间，绊住孩子前进的脚步，降低孩子对事物的判断力。父母要想孩子不被“奶嘴”诱惑，就要培养孩子强大的自控力。

生活中的经济学：生活中藏着的智慧消费

假如生活欺骗了我们，不要悲伤，不要心急，那是生活告诉我们还需要努力！

“巧妙地花一笔钱和赚一笔钱同样需要技巧”，花钱也是一种智慧。

为什么有的人花钱，花出去的每一分钱都变成了财富，有的人花钱，就只是花钱而已？难道花钱还有什么诀窍？

我们如何把支出费用控制在合理的范围内？什么样的消费才是合理的？面对渴望拥有的物品，我们该如何选择？无论收入如何，什么样的钱一定要花？

成人做选择的逻辑，是在孩子时期形成的惯性思维。

值不值得做是我们做选择时的衡量标准。有人认为花钱去改变外貌是投资，非常值得；有人认为精致的物质能够提升生活品质，也值得；有人认为生命只有一次，所以要对自己好一点儿，多花费一些是应该的；也有人认为，生活就是先苦后甜，为了以后的美好生活，现在节约一些也是值得的。

很多时候，选择没有对错，只是结果有差别。

父母要让孩子掌握选择的智慧，使得孩子从“普通生”变成“优等生”。

恩格尔系数：你的消费处于什么水平？

什么样的消费才是合理的呢？

这个问题往往没有标准答案，因为每个人所处的环境、收入、消费习惯有差别，但恩格尔系数可以帮助我们了解消费结构是否合理。

19 世纪，德国统计学家恩格尔研究发现：家庭收入越少，用来购买食物的支出在消费总支出中所占的比例越大。随着家庭收入的增加，用来购买食物的支出在消费总支出中所占的比例则会下降。国家和地区人民生活水平提高，居民家庭购买食物的支出在消费总支出中所占比例呈下降趋势，这就是恩格尔定律。恩格尔系数是根据恩格尔定律得出来的，可用来衡量家庭或国家的富裕程度。

恩格尔系数的计算方法：

恩格尔系数 = 食物支出金额 ÷ 总支出金额 ×100%。

如果家庭总支出是 10 000 元，用于购买食物的费用是 3 000 元，则家庭恩格尔系数 =3 000 ÷ 10 000 × 100%=30%。

在我们的日常生活中，恩格尔系数有没有一个标准来进行参照呢？

联合国用恩格尔系数对生活水平标准划分如下（见表 7）。

表 7　生活水平标准与恩格尔系数

标准	恩格尔系数
贫穷	>60%
温饱	50%~60%
小康	40%~50%
相对富裕	30%~40%
富足	20%~30%
极其富裕	<20%

2013 年，《经济学人》公布了全球 22 个国家的恩格尔系数（见表 8）。

其中美国的恩格尔系数最低，人均每周食品饮料消费为 43 美元，占人均收入的 7%；英国人均每周食品饮料消费与美国相同，占人均收入的 9%；中国人均每周食品饮料消费为 9 美元，占人均收入的 21%。

表 8　全球 22 国恩格尔系数一览表（2013 年）

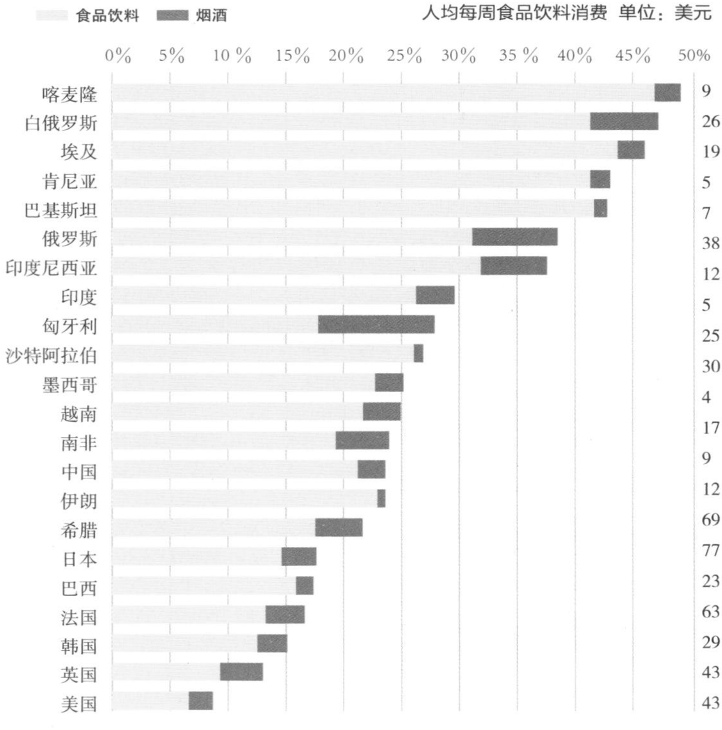

食品饮料　烟酒

人均每周食品饮料消费　单位：美元

0%　5%　10 %　15%　20%　25%　30%　35 %　40%　45%　50%

国家	人均每周食品饮料消费
喀麦隆	9
白俄罗斯	26
埃及	19
肯尼亚	5
巴基斯坦	7
俄罗斯	38
印度尼西亚	12
印度	5
匈牙利	25
沙特阿拉伯	30
墨西哥	4
越南	17
南非	9
中国	12
伊朗	69
希腊	77
日本	23
巴西	63
法国	29
韩国	43
英国	43
美国	

我们回到月收入 20 000 元和 5 000 元的案例中，看看不同收入的人处于什么样的生活水平。

假设他们的月度总支出（含食物、衣服、水电、生活用品、交通、房贷、人情等）及食物支出（含买米、面、肉、菜、饮料、零食等）情况见表 9：

表 9　月度总支出表

月收入（元）	月度总支出（元）	食品支出（元）	恩格尔系数	标准
20 000	10 000	5 000	50%	小康
10 000	7 000	4 000	57%	温饱
5 000	4 000	2 000	50%	小康
3 000	2 500	800	32%	相对富裕

通过表 9 可知，收入 10 000 元的人，生活还处于温饱阶段，而收入 3 000 元的人，则处于相对富裕阶段。

食品是消费必要项，我们必须优先满足。除了收入极低的案例，如果一个家庭恩格尔系数过大，必然影响其他消费支出和家庭生活品质。

生活有差异，食品有差别，每个理论都有其局限性，我们可以参照恩格尔系数来了解家庭消费结构是否合理。

父母让孩子测试消费习惯是否合理时，优先考虑食品支出，让孩子把所有食品支出统计出来，看看在总支出中所占的比例，了解钱花到哪里去了，找到消费漏洞，才能改变消费习惯。

凡勃伦效应：为什么卖得越贵的东西，买的人越多？

一般而言，挑选物美价廉的商品是常人的思维方式，但是有种现象与此相悖。

1.8 万元的眼镜架、20 万元的手包、30 万元的衣服、300 万元的手表……近乎“天价”的奢侈品却在市场上热销，难道买东西的人不明白物美价廉的道理吗？

中国拥有庞大的消费人群，购买力极强，是各大奢侈品品牌商的必争之地。为了抢占中国市场，他们在定价的时候，会采取降低价格还是提升价格的策略呢？

2017 年，Exane BNP Paribas（法国巴黎银行投资理财公司）根据当年 3 月正在销售的 4 846 种奢侈品单品的数据，计算出全球奢侈品平均售价后，用各国家或地区的实际售价与之对比。

统计结果见图5。

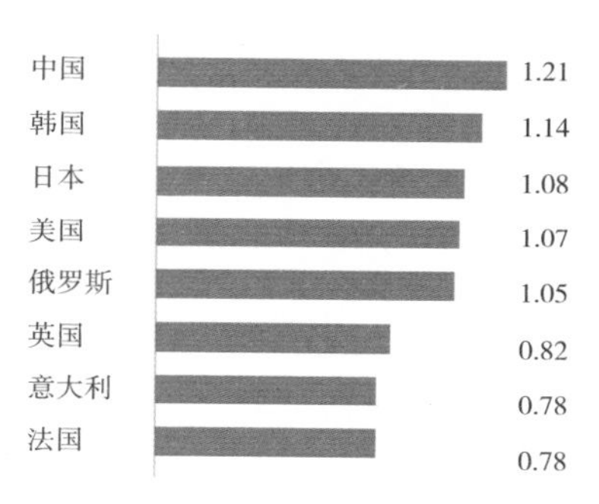

图5 奢侈品价格与国际平均水平对比（2017年）

数据显示：中国是奢侈品在全球卖得最贵的国家，售价相当于全球平均售价的1.21倍。本已昂贵的奢侈品在中国的售价要更高。

尽管如此，中国仍是全球奢侈品行业销售额增长的主要贡献者，占了全球个人奢侈品消费总额的35%以上。

为了获得更大的利润空间，奢侈品品牌商通常会采取提高价格的策略。可是不断调整价格，他们不怕商品卖不出去吗？

事实告诉我们，那些奢侈品依然卖得很好。

奢侈品牌宣布涨价以后，店门口排起了长队，有的店甚至需要顾客在门口等待30分钟以上才有可能进入，出来的人手上都提着大大小小的购物袋。

人们不禁要问："奢侈品价格如此昂贵，消费者为什么还趋之若鹜呢？”

美国经济学家凡勃伦在其著作《有闲阶级论》中提出：“消费者购买某些商品并不仅仅是为了获得直接的物质满足和享受，更大程度上是为了获得心理上的满足。”

物质生活越优越，人们越会期望通过追求代表不同生活态度的物质或精神，来获得认同感和成就欲望。于是，社会上出现了各种代表生活的物质或精神分化产物，如奢侈品、豪车、餐饮、旅游、教育、书籍等，以满足不同消费层级的不同归属需求，通过消费来强化标签。

凡勃伦效应在教育消费上表现得也很明显。

从择校来看，普通学校—知名学校—顶尖名校；从选择师资来看，普通老师—名校老师—知名老师—明星老师等；从兴趣班来看，击剑—高尔夫—冰球—马术等；从留学国家来看，东南亚国家—加拿大或澳大利亚—英国—美国等。

不同的人通过不同消费级别来满足心理需求，有凡勃伦消费特征的父母，其孩子也会有同样的特征。从小穿 4000 元的裙子的孩子，也会有配套的鞋子、袜子等，同样会有与之相对应的生活配套条件，如居住环境、朋友圈、食品、出行等。

孩子心理支出消费越高，就越关注品牌带来的满足感，对价格的敏感度就会降低。如果从小培养孩子这样的消费习惯，在面对奢侈品价格不断调整时，消费惯性仍会促使其购买。

所以父母在培养孩子的消费观时，一定不要过于注重孩子

物质方面的需求，而要多注重精神方面的消费。

规则意识：合理消费，从授权开始

诱惑犹如一张网，被诱惑的孩子就像撞入网中的鸟一样，陷在其中无法脱身。

世界上的诱惑从来就没有停止过，打铁还得自身硬，一切依靠国家建立相关机制约束的“等靠要”行为，都会让我们处于被动状态。孩子一旦出事，承担恶果的还是父母。我们与其等待，不如行动，让孩子从根上断“瘾”，只有帮孩子建立起理性的消费习惯，才能让孩子在面对诱惑时不为所动。

没有规矩，不成方圆，凡事都应该有相关的行为准则。

爸爸从小林5岁开始，就让她独自去买零食，总是不忘交代她，买完东西剩下的钱要交给父母。小林8岁时，爸爸把一个月的零花钱全给了小林，告诉她买东西时要注意：

（1）钱属于你，可以自己决定买什么；

（2）不能消费的东西有哪些，如游戏等；

（3）钱的使用权：如果东西价格超过5元，需要征得父母的同意后才可以购买。

半年后，爸爸看小林现金账记得非常清楚，花钱也很有章法，就把小林的决策金额从5元升到了10元。

随着小林长大，她可以自行决定花费的金额从5元升到10元、100元……最后她可以管理更多的钱。

只有当孩子管理金钱的能力和财富相匹配时，金钱才会成为孩子发展的助力。

父母对孩子进行财务授权的技巧如下：

首先，从金额小的简单任务开始。比如，学习用品、家里小物品的采购任务可以交给孩子，即使任务完成得不完美，也不会给家庭造成大的损失。

其次，家长安排任务时，明确地告诉孩子钱的使用规则。比如，父母要告诉孩子超过多少金额要向父母提出购买申请，让孩子树立金额使用权限意识，这样一来，当他面对大金额消费的时候，心中会自动建立一道警戒线。

最后，为保证财务授权顺利进行，父母要建立相应的监督机制。比如，父母检查孩子每月的现金账，看看孩子是否遵守使用规则。如果孩子严格遵守了规则，父母要给予鼓励；如果孩子没有遵守，要根据规则取消孩子相应的权利，然后重新开始。有效的财务管理授权，将帮助孩子在管理过程中建立消费观念，在最大程度上避免冲动消费的情况发生。

成本意识：天上不会掉馅饼，让孩子理解梦想的代价

奥地利作家斯蒂芬·茨威格在给玛丽·安托瓦内特写的传记中曾无比感慨地说："她那时候还太年轻，不知道所有命运赠送的礼物，早已在暗中标好了价格。她意识到，命运对自己过于偏爱。她一路顺境，出身王室，成为王后，好运接踵而至，没有为之付出丝毫努力。她一直以为，自己无须奋斗，有大臣代劳，有大把金子在手，万事都可以一帆风顺。她毫不在意地享受着命运的种种赐予，现在才发现，原来这样的赐予也不是不需要代价的。直到需要运用才智和能力来挽救自己和孩子的生命时，她才发现自己的生活一直很空虚，自己不曾积攒任何与逆境斗争的力量。"

命运从不会轻易给予人厚赠，向往的生活是需要我们付出对等的代价来交换的。

父母让孩子了解过不同的生活要付出不同的代价，才能激发孩子学习的动力。

在中国，初中生能上高中的比例约为50%，从录取率的角度讲，中考难度比高考还大。但在上高中前，有相当一部分孩子并不清楚他们学习的目标。如何让孩子明白努力的意义，让许多父母很头痛。

孙西南刚刚上初二，在妈妈的安排下来参加咖啡厅的职业体验活动。

妈妈让他参加职业体验的原因非常简单：孩子觉得上职高和上高中没有什么差别，所以对学习很不上心。眼看孩子一副没有长大的样子，妈妈很着急。她告诉孩子努力学习的种种好处，现在努力和不努力，未来生活会有极大的差别，但无论自己如何说，孩子都是一副毫不在意的样子。

三天的职业体验活动后，孩子回来说的第一句话是："我觉得还是要努力学习，考个好高中。"

她问孩子为什么。

孩子说："没想到每天工作这么辛苦，中午的工作餐也不好吃，我就没吃多少，结果下午还没到4点钟就饿了，可是工作期间不能吃东西。我想吃的东西和想喝的饮料都很贵，一天的工资都买不起。我要通过学习改变现在的处境，才能买想买的东西。"

三天的职业体验活动就能让孩子产生如此大的变化吗？

当然不能！

我们一起回到活动前，看看妈妈做了什么准备。

在帮助妈妈梳理期望达成的培养需求后我们发现，如果只是简单的职业体验活动，根本不能达到预期效果。如果孩子不能理解不同水平生活的差别，就不可能主动改变。所以，职业体验要进行升级，我们把体验活动分成了两个部分：一个部分是理解不同，另一部分是体验差别。

在理解不同的部分父母要做什么？

我们先让妈妈把灌输道理，改为和孩子探讨上职高后，未来可能从事的职业及相应的收入。

刚开始孩子对不同职业之间的要求与收入的差别没有了解，她就和孩子去招聘网站上搜集相关信息，看看不同工作对学历的明确要求以及工资大概是多少。

接下来，妈妈让孩子设想期望从事工作的场景及环境。妈妈和孩子一起把现有的日常消费都罗列了出来，包括打车、和朋友聚会、吃快餐、喝饮料等费用。不仅如此，妈妈还搜集了市面上租房的费用信息，列出了家里在水电气等方面的开销。

最后，妈妈和孩子算了一笔账，得出假设：孩子独立生活，要保持现有的生活水平，总共需要有多少收入。

父母让孩子自己对比想要的生活和现在的生活，计算出生活成本，看看什么样的工作可以获得相应的收入，获得这样的工作需要什么样的学历及其他条件，然后让孩子一一罗列出来。

在体验差别的部分父母要做什么？

我们确定妈妈已经理性地完成了理解不同的阶段后，前期铺垫工作就已经完成，接下来就是体验差别阶段。

在此阶段中，妈妈只需要按要求执行即可。我们特别嘱咐，不需要对孩子进行特别的嘘寒问暖、车接车送、额外加菜等行为，一切如常即可。

第一天孩子回家，直接就进了房间；第二天孩子回家后，直接倒在床上，连话都不想说，晚饭吃了很多，连平时不喜欢的菜都吃了很多；第三天孩子回家后的第一件事情就是跟妈妈说了“要努力学习，考个好高中”的话。

想要过上向往的生活需要付出什么样的代价？父母说得再多都不如让孩子真实体验一次，体验后，孩子才会有深刻的感受，才会明白现在的努力和未来的生活息息相关。

父母应和孩子明算账，敦促孩子思考如何为自己的梦想和生活买单。

才华要配得上野心，能力也要配得上欲望，既然命运已经为梦想标上了价格，我们就不能只告诉孩子要实现梦想，也要告诉孩子实现梦想的代价。

衣：给衣来伸手的孩子算笔账

广告大师大卫·奥格威曾经说过，世界上最容易被赚钱的三类群体是美女、孩子和宠物。

当家才知柴米贵，养儿方知父母恩。我们一年到底要为孩子花多少钱呢？

2020 年 7 月，《中国经济生活大调查》发布了中国 300 多个城市在教育方面的数据。调查显示：2019 年，4% 的家庭，孩子的花销占家庭年收入的一半以上；20% 的家庭，孩子的花销占家庭年收入的 30% ~ 50%；大部分家庭在孩子身上的花销占家庭年收入的 10% ~ 30%。

从城市看，一线城市的家庭花在孩子身上的钱，一年平均为 4.4 万元，二线城市为 3.6 万元，三线城市则为 2.94 万元。

孩子的花费主要集中在哪些方面呢？让我们来看下图 6：

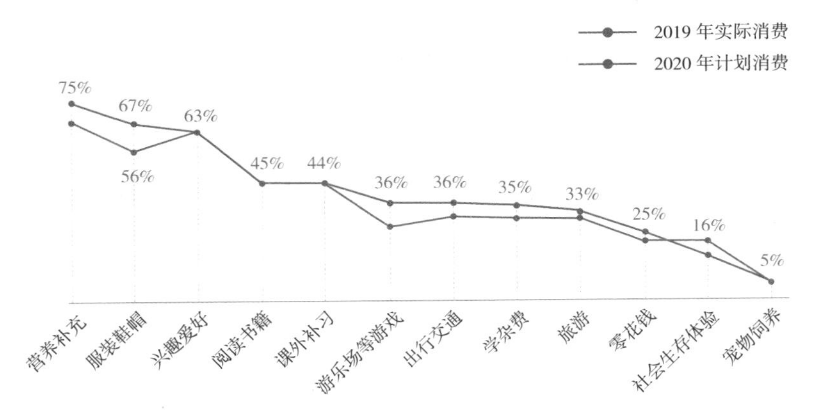

图 6　中国父母对孩子的消费投入方向（2020 年）

消费投入方向排名第一的是食品类，达到了 75%；排名第二的是服装类，涵盖服装鞋帽，达到 67%。可见，衣食两方面在家庭对孩子投入的费用中排名很靠前。

衣服，既是必要项也是想要项的内容，我们更愿意尊重孩子的意愿购买他们喜欢的衣服，如此一来，孩子可以间接管理的费用就比较多。

孩子真的是按照我们的理念来买衣服的吗？如果我们是这么认为的，那就错了。

生活在物质空前优越的环境中的孩子，是商家紧盯的消费主力，如何获得孩子的青睐是商家的必修课。各种针对孩子的消费习惯的调查持续不断地进行，其目的就是找到吸引孩子进行消费的有效方式。

在诸多商家费尽心思的“围剿”下，孩子能否保持理性消费，成为父母和商家的拉锯战的焦点。父母赢了，能让孩子提升财富管理能力；输了，孩子就会成为商家眼中的“摇钱树”。

买衣服就是父母培养孩子理性消费意识的开始。

品牌溢价：同样是T恤，为什么价格差别那么大？

校服对孩子来说是标配，学校通过统一服装避免孩子出现攀比心理，却仍然阻挡不了孩子对美的追求，孩子们总会找到各种机会来穿自己喜欢的衣服。

在所有的衣服里，T恤是必不可少的，也是更换最频繁的品类。式样繁多的T恤价格差异非常大，便宜的有十几元的，贵的有几千元甚至上万元的。为什么普通的T恤都有可能成为“奢侈品”呢？

父母关注什么，孩子也会关注什么，我们想通过对衣服的选择传递给孩子什么样的消费观呢？

父母陪孩子选择T恤时，如何教孩子选择呢？

15岁的林爽最喜欢的运动员代言了一款T恤，因为有不少同学已经买了，还约他一起去运动，他便想让妈妈陪他去买。

既然孩子想要，妈妈当然想帮孩子达成心愿。翻开价格吊牌时，看到标注的4位数，妈妈不由得吃了一惊。男孩子正处于长个子的阶段，衣服更换的速度非常快，再贵的衣服孩子穿不了多久也会被淘汰。

她告诉林爽，衣服太贵了，而且他很快就会穿不上，建议买便宜的T恤。妈妈的拒绝让正处在青春期的林爽非常不高兴，他反复告诉妈妈，同学们都有了，如果他没有，以后同学们可能不带他一起打球了。

几经思量后，妈妈还是给林爽买了那款T恤，但心里非常不高兴，感觉被“绑架”了。因为妈妈买东西付钱不痛快，林爽心里也不痛快，觉得就是买一件T恤，妈妈居然不高兴。

引得林爽母子不愉快的T恤，为什么会比普通T恤贵那么多呢？

孩子偶尔想买品牌衣服是正常行为，但要避免因喜欢品牌而带来的“狄德罗效应”。

18世纪，法国哲学家德尼·狄德罗收到了朋友送来的一件质地精良、做工考究的睡袍，非常喜欢。他穿着华贵的睡袍在家里走来走去时，突然觉得家里的家具破旧不堪，装修风格不对。为了让环境配得上睡袍，他把家具全换了，最后发现“自己居然被一件睡袍胁迫了”。

品牌隐喻着对应的生活，我们适度选择品牌是选择品质生活。

伙伴邀请林爽去打球是林爽收到的“睡袍”，品牌T恤是与“睡袍”匹配的物品。“睡袍”影响着孩子，不知不觉中带动其他消费升级。有消费能力的家庭不会被这样的升级影响生活，没有消费能力的家庭，可能会从“小康”下滑至“贫穷”状态。

我们不能一味地从生活的角度去衡量孩子是否懂事，青春期懂事的孩子，都是通过委屈自己来成全别人的。正如电视剧《小舍得》里的米桃，内心喜欢漂亮的裙子，但知道家里买不起，便用一句“我不喜欢裙子”婉拒了朋友的好意。

自信的孩子，可能对衣服是否为品牌无所谓；不自信的孩子，可能更期望用品牌来支撑信心。

父母除了需要帮助孩子建立自信，还需要回到“值不值”的评估体系中。衣服具有社交和使用两种功能，要让孩子清晰地了解价值体系和成本概念。

一件普通的T恤也许只要40元，如果贴上奢侈品的logo（商标），价格就会高上很多，价格溢出的部分就是品牌的价值。

所有的购买行为，会回归到“值还是不值”的基础判断上来。

为什么而买的背后是不同的消费价值观，**我们是为产品的功能买单，还是为品牌价值带来的个人心理感受（形象、文化、质量等）买单？这就是我们要帮助孩子树立的消费价值观。**

林爽面临的问题是：想穿着新T恤和同学一起打球，这是T恤的功能；是否必须穿着品牌T恤才能和同学一起打球，是林爽的个人感受问题。如果林爽明白，同学们喜欢和他打球是因为他的技术好，和穿什么T恤无关，便会释然。

饥饿营销：限量版的鞋，为什么贵上天？

学校要求学生统一穿校服，选择有特色的鞋子就成为孩子们心照不宣地展示性格的一种方式。孩子个子长得快，又活泼好动，加速了鞋子的损耗和更换速度，鞋子已经成为服装之外的高频次消费单品。

孩子对鞋子的需求会创造多大的市场规模呢？

假设孩子到18岁，每年都要买春夏秋冬四季的鞋，一年至少需要4双运动鞋。按照2020年中国公布的高考人数1 071万人来计算，平均每双鞋100元，保守估计仅高中的孩子，一年运动鞋的市场规模就达到128.52亿元。如此庞大的市场，怎能不让商家垂涎呢？

早早就被商家培养出品牌意识的孩子，具备了一定的品牌忠诚度，忠诚度会被商家迅速变现。为了让品牌获得更丰厚的利润，商家发明了高明的商业营销手段——“限量发售”。这是一种典型的饥饿营销方式，商家通过人为造成货品稀缺的现象来提升价格，不仅仅拉高了购买热度，还获得了更高的利润。

作为易耗品，鞋子能够有多贵呢？

杭州新闻媒体上曾经有过这样一篇报道：《因为8 000元的球鞋被老爸摔破，杭州16岁的少年气到报警抓人？！》

杭州的这个少年是一名初三学生，平时很喜欢打篮球，经常看NBA（美国职业篮球联赛），对某球星代言的几款经典鞋子非常痴迷，但自己没有这么多钱，就和朋友合伙买。每人出资一半，购买了一双价值8 000元的运动鞋。鞋子周一到周五由他的朋友保管，周六和周日就由他穿。

因为下了几天雨，鞋子有点儿脏，他将鞋拿到干洗店清洗，洗这样一双鞋子要花50元。父亲获知清洗费这么高，非常气愤，盛怒之下用力一摔，把鞋子摔出了裂痕。少年不知道如何向朋友交代，又不能跟父亲说鞋子价值8 000元，冲动之下跑到了派出所向民警求助。

一边是心疼50元洗鞋费用的父亲，一边是花费4 000元购买鞋子的孩子，错位消费真实地出现在生活中。孩子为了拥有一双心仪的鞋，心甘情愿地付出高昂的代价，甚至不惜和父母对峙，对品牌的痴迷一时之间甚至超越了亲情。

鞋迷在现实中不是少数，有的明星家里一面墙的柜子上都是各种限量版的鞋，有的普通年轻人，拥有几十双限量版的鞋子，价格从几千到几万元不等。限量版鞋子的出现，还推动了一种新的投资理财产业——“炒鞋”。这种产业已经发展到有专门的交易网站，限量版鞋子的吸引力可见一斑。

限量版鞋子不只具有实用价值，也具有社交属性。限量版鞋子成了孩子取得某种特定圈层认同感的通行证，他们其实不是买鞋，而是由此进入鞋子所代表的社交圈层。

类似物品还有包、T恤、首饰、化妆品、房子等。电视剧《三十而已》中的女主角顾佳不惜贷款去买限量包，只是为了获得进入上流太太圈层的入场券。

已经在圈层里的人，无须用一双鞋子当通行证；不在圈层里的人，买了鞋子也不代表就能够融入圈层。拥有某个圈层的生活不是通过拥有某个牌子的物品来证明的，而是要具备“与睡袍配套的房子、家具”等，还要具备对应的消费力、认知层面等。

所以，家长平时要多教育孩子，树立正确的消费价值观，不要掉入商家品牌饥饿营销的陷阱。

沉没成本：及时止损，才能避免更多损失？

这样的场景在生活中经常出现。父母和孩子去看电影，花80元买了两张电影票，看了半个小时，突然觉得电影糟透了，孩子也兴致不高。这时，父母会选择继续看完电影还是立刻离开电影院呢？父母选择离开，会不会想：反正钱都已经花了，不看完钱就浪费了；选择留下会不会想：勉强自己看完电影就意味着浪费时间！

我们在生活中常常会遇到这样的问题：去超市买零食，泡芙一个5元，买3个送2个，我们要不要考虑再买2个呢？买衣服时，商家正在做买两件打8折的活动，我们要不要顺便给家人买一件？去旅游时，到了景区发现门票只需要30元，往返景区的交通车却需要80元，从景区购票口到景区还有5千米，我们要不要继续游玩呢？奶茶店推出积分卡活动，买一杯咖啡送一张积分卡，积满3张免费兑换一杯咖啡，我们要不要继续在这里买咖啡喝？

以上我们生活中面临的选择题的背后，藏着经济学的理论——沉没成本。沉没成本在很大程度上影响着我们的行为方式与决策。

什么是沉没成本呢？

沉没成本，指已往发生的，但与当前决策无关的费用。

拿上面的例子来说，看电影的时间和钱，已买的衣服、泡芙、奶茶等，就是沉没成本。我们决定是否继续看完电影、是否再买一件衣服、是否再多买一杯咖啡等，最根本的决定因素应该是“是否值得”继续买，而不是已经付出的时间和钱。但往往我们已经投入的时间和钱会影响我们做出不理性、不客观的判断。

沉没成本在投资理财领域更为常见，有人总是将获利良好的品种卖出，而保留那些亏损的基金或股票，甚至对不断亏损的基金或股票加仓，期待通过反复买入来挽回损失。

从决策的角度看，以往发生的费用只是造成当前状态的某个因素，当前决策所要考虑的是未来可能发生的费用及带来的收益，而不是已往发生的费用。

面对已经花费 100 元买的 T 恤，受到凑满 2 件就能获得 40 元优惠的诱惑时，我们要思考的是：是否真的需要多买一件？

孩子以后也会面临同样的问题，要避免做决策时被“来都来了”的想法影响，因此父母帮助孩子培养及时止损的意识非常必要。

著名心理学教授亚科斯谈到“损失厌恶”理论时说：“人生中 90% 的不幸，是因为不甘心，这是很多人不懂得及时止损的原因。”

别让不甘心影响了我们和孩子的决策。

我们总是不甘心放弃已经付出的精力、金钱、时间，所以往往会在非理智的情况下做出决定和选择。

面对选择时我们会说“来都来了”“等都等了”“花都花了”，就开始陷入沉没成本之中。

经济学家认为，如果人是理性的，那就不该在做决策时考虑沉没成本。

商家通常会利用沉没成本，让人越陷越深，在不知不觉中就多花了不少钱。对于如何避免掉入消费陷阱中的沉没成本陷阱，经济学家也给出了解决方案——止损。

及时止损是摆脱沉没成本的最佳方案，理性退出比盲目坚持更值得提倡。

止损思维很简单，理性分析现状，设置进入和退出的上下限条件，达到条件就执行。

上下限要根据自己的实际情况来设定，我们要思考按照现在的情形继续发展下去，还需要投入多少财物，或者将损失多少财物，会造成怎样的结果。

止损是一种智慧，是看清现实后的理性决策。在前行的路上，孩子要学会理性选择、放弃、调整。只有这样，孩子才会在正确的路上越走越远。

食：吃里藏着的数学题

民以食为天，孩子最原始的需求是吃。

“没有什么不愉快的事是吃不能解决的，如果吃一顿不行，就两顿”，鸡汤类的文字熨帖地温暖了每个受伤的心灵。我们凭实力吃下去的肉，还会化成身上的赘肉，要花钱减下去，让钱包遭受双倍损失。

不是所有的“吃”都是有益的：吃得不合理，伤身又伤心；吃得合理，健康又节约。

奶茶因子：每天少喝一杯奶茶，自由先人一步

奶茶是当前饮料界的“网红”。商家总有办法让孩子掏钱买奶茶，有的孩子达到每天买一杯的地步，甚至有的孩子已经用喝奶茶代替了喝水。

奶茶消费调查结果显示：学生群体是奶茶重度消费者！中国 90 后和 00 后年轻女性也是主力军，很多人每周至少买一次奶茶，每月购买奶茶的支出超过 400 元。

生活中，奶茶费用不算高却能给人带来快乐，对压力大的人来说，面对高强度的学习、快节奏的工作、快节奏的生活，能让人获得快乐的奶茶成了他们短暂逃离压力的“甜蜜陷阱”。

有人认为，不喝奶茶也不能改变生活现状，但喝了立刻就能产生愉悦感。

我们来算一笔账。

假设一杯奶茶的价格是 15 元，孩子一周喝 3 次，一年 52 周需要支付多少钱呢？ 2 340 元！

而且，生活中还有很多像奶茶一样看似不起眼的消费，如可口的辣条、香甜的冰激凌、美味的脏脏包、萌萌的小饰品、心心念念的玩具、想充就充的游戏币、“必须”打卡的“网红”餐厅等。就是这些看似微不足道的小钱，在不知不觉中，悄无声息地吞噬着我们的金钱。

社交媒体上，年轻人总觉得平时没花什么钱，可钱包却悄无声息地见底了。为了知道钱花到了哪里，他们开始记账，一番梳理之后发现，就是生活中各种毫不起眼的小笔支出让他们的钱包瘪下去的。

下面的算式可以帮助我们了解，人与人之间在金钱上的差距，是如何一点儿一点儿地被拉开的。如果我们每天节约 1 分钱，一年就会获得 37.8 倍的回报；如果每天多花一分钱，最后可能会落得两手空空的局面。

$$\begin{cases} 1.01^{365} \approx 37.8 \\ 0.99^{365} \approx 0.03 \end{cases}$$

这两个约等式告诉我们，积跬步以至千里，积怠惰以至深渊。

$$\begin{cases} 1.02^{365} \approx 1377.4 \\ 0.98^{365} \approx 0.0006 \end{cases}$$

这两个约等式告诉我们，只比你努力一点儿的人，其实已经甩你太远。

财富的积累不是靠天降横财，而是要如针挑土一样，保持微小却持久的增长。当下的快乐其实是用未来做抵押的，我们现在用得越狠，未来就越有可能成为“死当[①]”。聪明的孩子从

① 死当，当在当铺里的东西超过赎取期限，就不能再赎取，称“死当”。

小就要保护好自己的钱包。

通货膨胀：同样大的包子，为什么越来越贵?

我们是什么时候觉得钱不够用的?

是我们给孩子交学费时，还是去买菜的时候?

我们想象一下，带着100元穿梭在不同的年代，分别能买多少同样的物品呢?

为了有更直接的参照，我们以中国家庭传统早餐中常见的包子为例。

假如我们回到1990年，当时肉包子大约是2毛钱一个，100元可以买500个包子；假如我们回到2000年，肉包子是5毛钱一个，100元可以买200个包子；假如我们回到2010年，肉包子是1元钱一个，100元可以买100个包子；到了2020年，肉包子的价格普遍在2元左右，100元大概可以买50个包子。

都是100元，能购买的肉包子却从500个降到50个，这是为什么呢?

不同时期，100元的购买力不一样，同样数量的钱能买的东西变少，就是大家常说的钱贬值了。

钱贬值就是通货膨胀，通货膨胀是指在信用货币制度下，流通中的货币数量超过经济实际需要而引起的货币贬值和物价水平全面持续上涨的现象。

通货膨胀是财富的隐形杀手，让钱的购买力下降，让财富不断悄悄缩水。

恶性通货膨胀最典型的案例发生在非洲南部的津巴布韦。

在通货膨胀最严重的时候，津巴布韦的通货膨胀率曾达到了98%/天。这意味着一个人早上去上班，到下班的时候，可能一天的工资都买不起一顿晚餐。2008年津巴布韦全年的物价上涨了约50亿倍，最后通货膨胀让曾被称为“非洲面包篮”、一度是非洲最富有的国家的津巴布韦成为世界上最穷的国家之一。

如果我们赚钱的速度赶不上钱贬值的速度，财富会缩水到近乎为零的地步。即使是有钱人，如果钱增加的速度跑不过通货膨胀，也会在不知不觉中被通货膨胀变成穷人。

作为普通人，我们无法改变社会经济环境，却可以通过各种方法应对通货膨胀。

第一，提升个人竞争力，让工资收入快速增长。

第二，拓宽上游收入来源。比如，投资理财，找到适当的投资理财渠道，抵消通货膨胀的影响。再比如，拓宽兼职渠道，做外教、设计、咨询、销售、写作、视频制作等工作。

第三，合理消费。

对于家长来说，培养孩子的竞争力和创造力，使其成长为更有价值的人，才能真正抵御通货膨胀，成为时代的弄潮儿。

比价意识：货比三家，“抠”孩子更自由

有人买东西很少问价格，直接说“来一斤豆芽，二斤胡萝卜”；有人非常关注价格，会先走遍各个摊位，再三权衡后才会购买想要的东西。

控制消费支出的诀窍之一：穷追不舍便宜货。

每次到超市购物，有些人会在购物架前来回比价，直到找到最低价为止，有人会觉得比价很麻烦，节约的金额不多，没有必要投入时间和精力。1 元、2 元看似不起眼，但如果从比例来看，10 元节约 1 元，收益率就是 10%，部分投资理财产品都未必能够达到这个数字，股神巴菲特的平均年化收益率也只有 20% 左右。

仅从货比三家的行为，就可以获得如此好的收益比例，我们为什么不去做呢？

新希望集团的刘畅，不仅仅在买玩具上要求孩子货比三家后再购买，在出行上也是秉承这一原则。刘畅小时候，父母可以坐头等舱，她只能坐经济舱，而且要寻找价格最合适的机票。

货比三家的消费理念从父母那一辈传递给她，今天她又向自己的孩子传递。

我们节约的就是赚到的，更何况，比价可以轻而易举地获得超过投资理财的收益率。

父母和孩子共同完成旅游方案后，接下来要让孩子继续完成财务预算的工作，询价是学习比价的好机会，孩子对价格的敏感度会提高。人对价格的敏感度越高，消费时越容易降低成本。

适合孩子货比三家的实用小技巧。

1. 比价渠道

订机票是门学问，掌握比价的技巧，同一航班能节约不少钱。

父母要告诉孩子生活中常用的旅游平台、航空公司官网、比价平台等，选定航班后，让孩子了解不同平台的价格，或者对同一平台不同机票的价格进行对比，计算价格差异和节约的比例。

父母让孩子了解不同酒店和民宿的差别，尝试不同的旅游方案，可以用表格来找出最优方案，让孩子看到货比三家带来的优惠差距。

2. 购买时机

提前买机票要比临时购买更便宜、淡季的机票比旺季便宜、“红眼航班”[①] 比黄金时间段的航班便宜、转机比直飞便宜，孩子充分掌握好购买时机，能实实在在地节约费用。

张枚是个旅游达人，每年都会带孩子自由行。有一年，她邀请朋友一家去印度尼西亚旅游，为了锻炼孩子，和孩子进行了一场财务预算比赛，看看谁节约的钱最多。当确定了

① 红眼航班，航空公司安排的夜间定期航班。

旅游行程计划后，她们就一头扎进预算比赛中去了。10 岁的孩子在妈妈的长期锻炼下，已经能熟练地搜集各类信息，完成预算当然不在话下。

比赛结果出来，张枚的旅游预算是 6 500 元 / 人，孩子的预算是 8 300 元 / 人，差额幅度近 28%。

孩子很不服气，在对每个项目进行对比后，发现造成价格差异的原因在交通和住宿上。在交通上，妈妈购买的是中转机票，虽然多了 2 个小时，却比直飞要便宜许多；在住宿上，妈妈在网站上预订了一套别墅，整体价格看上去很贵，但平摊后比住酒店还便宜。

张枚趁机给孩子讲解了比价技巧，孩子听得非常认真。在随后的旅途中，张枚还带着孩子一起去换外汇，告诉孩子外汇的价格变化，节约的钱可以买多少好吃的东西等。

经验来自生活，习惯来自观察。**生活中处处是选择题，比价是认真生活的一种态度。**

边际成本：为什么第二杯半价？

父母带孩子逛街，突然孩子奋力地拽着父母走向一家饮料店，目光热切地看着饮料。店里的宣传海报上醒目地写着“第二杯半价”五个大字，这就像肥美的诱饵，给足了父母买两杯饮料的理由。父母本来还因为饮料太甜对身体不好而犹豫着自己要不要来一杯，结果看到“半价”毫不犹豫地付了钱，和孩子美滋滋地享受起来。

喝着喝着，孩子突然问：“为什么要第二杯半价呢？如果半价店家不是要亏了吗？”

“第二杯为什么要半价”的问题，我们要如何给孩子解释呢？

销售界流传着一句话：客户要的不是便宜，而是占了便宜的感觉。所以商家会利用各种宣传方式告诉我们：“真的便宜你了。”一旦商家让人感觉能得到优惠，使人掏钱买东西的难度就降低了，各大促销季能吸引更多的人消费，就是这个道理。

商家卖饮料给孩子容易，卖饮料给父母难。通常情况下，父母会给孩子买饮料，但自己是否会消费要看具体情况。当孩子已经被吸引到店里，作为“附属品”出现的父母就成为商家想吸引的客户。如何让原本只能卖一杯饮料给孩子的情况，变成多卖一杯的情况呢？

“第二杯半价”里藏着一个经济现象：边际成本。

如果只有孩子一个人消费，商家就只能卖出一杯饮料，要卖出第二杯，需要等待下一个想买饮料的人出现。可是商家经营店铺是有成本的，不管顾客是否消费，每天店面租金、人员工资、水电费、宣传费、产品研发费等也要正常支付。当有人消费时，成本才会被分担，当商家卖出一定量的饮料后，才能抵销成本，此后再卖出去的饮料才能获得利润，所以卖出多少杯饮料很关键。

“第二杯半价”的商家看似有损失，实际上仍是赢利的。

假设一杯饮料的价格是 15 元，成本是 3 元（含店面租金等系列成本，产品本身的成本是 2 元）。商家卖一杯饮料获得的利润为：15–3=12 元。按照“第二杯半价”的价格来看，卖两杯饮料的利润为：（15–3）+（7.5–3）=16.5 元，比单卖一杯多赚了 4.5 元。

看，通过“第二杯半价”的捆绑式销售策略，商家成功地让没有购买欲望的父母进行了消费，一次销售带来了更高的产值和利润，边际成本效应就凸显出来了。

商家通过第一杯饮料吸引了孩子，孩子就承担了购买饮料的一系列成本，作为“附属品”的父母如果产生了消费，就增加了销量，从而降低了商家的边际成本，尽管“第二杯半价”，实际上商家还是获利了。

行：教孩子寻找最优出行方案

一到假期，孩子会满心雀跃地期待和父母外出旅游，领略旖旎的风光、特色的风土人情，是孩子增长见识、开阔眼界的好机会。父母也想抓住难得的亲子时光，来一次难忘的旅行。

科技让生活变得简单有趣起来，高科技为旅游提供了便利条件。我们打开手机地图，动动手指就能获得去往目的地的最佳路径，手机地图详尽地显示各种交通工具的耗时和费用，以及目的地周边的景点、酒店、餐饮等详细信息，甚至会给出更多选项帮助我们做决策，如路径最短、红灯最少、价格最低等，大大节约了我们的时间和精力。

旅游是财商沉浸式教育中最轻松愉悦，也是涉及综合能力培训最多的项目，不仅可以锻炼孩子的沟通能力，还能培养计划管理、成本管理、财务统筹、合作意识、客户服务意识等方面的能力。

家庭教育中，旅游只是方法而不是目的，设计得当的旅游才能成为最有效的能力培训项目，否则孩子就算游遍了世界，也无法形成世界观。

有准备的旅行，会让孩子有意想不到的收获。对父母而言，这样的旅行不仅享受了亲子旅游，提升了孩子的参与度，更重要的是收获了一位优秀的旅游行程设计专家，一举多得，我们何乐而不为呢？

大数据陷阱：我们和孩子看到的机票价格一样吗？

科技进步给生活带来便利的同时，也带来了隐藏的陷阱，识别生活中的陷阱也是现代人的必修功课。

何敏是个旅游达人，为了获得更优惠的价格，申请成为某旅游平台的VIP（贵宾）。爱玩又会玩的她当仁不让地成为大家心目中的旅游权威，每次出去玩，设计行程、预订机票和酒店就由她负责。有一次她熟练地在各大平台上搜索机票，然后把机票信息截图发给朋友们。有朋友打开购票信息一看，却发现了蹊跷：同一个平台同一时段的机票价格，朋友看到的居然比何敏看到的更便宜。

当朋友把自己看到的价格信息告诉何敏时，何敏非常惊讶。作为旅游平台的VIP，为什么自己看到的价格居然比朋友看到的高呢？

通过一番了解她发现，不只在旅游领域，日常消费中的看电影、打车、网购、订外卖、在线购物等，都存在新用户比老客户价格还低的现象，这种现象被称为“杀熟”。

北京市消费者协会发布了大数据“杀熟”的数据，有56.92%的被调查者表示有过被大数据“杀熟”的经历。

投诉案例显示：某电商平台VIP客户看到的商品价格居然比普通会员还高。同一款豆奶，VIP的价格为73.3元，普通会员的价格才62.8元，价差达到了10.5元。

吃穿住行是生活中高频次消费的领域，一笔费用也许不高，但聚沙成塔，成百上千笔费用的价差累积起来就不是小数目了。

未来我们的孩子对互联网的依赖性会更强，我们现在就可以通过旅游告诉他们大数据的陷阱。

大数据是如何进行“杀熟”的呢？

“杀熟”隐藏在对大数据的分析后，“大数据”的初衷是更好地服务客户，如今却成为商家获取更高利润的工具。

在“千人千面”的大数据面前，人人都是透明的。平台监测着消费者的一举一动，根据消费的喜好为消费者进行画像，根据画像为每个人贴上不同的标签、推送相应的物品、显示不同的界面，当然也就能做到根据人对价格的敏感程度，对同一件商品显示不同的价格。

被大数据“杀熟”的何敏闷闷不乐了几天。她给朋友们说清楚价格差异的原因后，决定和儿子分享“杀熟”的案例。刚开始，单纯的孩子完全不相信互联网会骗人，何敏现身说法，用事实告诉孩子，一切皆有可能！

犯错是最好的学习机会，她乘机和孩子讨论如何减少被平台利用大数据“杀熟”的情况，还让孩子掌握了找到性价比高的产品的方法：

第一，产品比价：同一件商品，进行多平台比价。多平台比价后，确定物品价格的上下限，以价格下限为基准价格。

第二，多人定价：确定平台产品的最低价格后，让家人或朋友来确定价格的真实性。

科技让生活变得更加美好，人们不一定能以最低的价格买到想要的产品，但是至少可以通过有效的方法避免被商家“杀熟”。

项目管理：谁说旅游就只是旅游

12 ~ 15 岁的孩子临时组成团队，在没有成人帮助的情况下，在陌生的国度，能不能成功完成财商挑战项目呢？

为了了解孩子拥有多大的潜能，我们精心设计了海外财商挑战项目。

14 岁的吴科和妈妈一起参与了财商挑战项目。他不知道将面临什么样的事，随着项目逐步展开而变得越来越兴奋。

项目整整持续了 1 个月，参与项目的孩子用 2 周时间完成团队组建、项目立项的工作，随后又参加了 3 天的培训、7 天的海外项目实战。整个项目进行的过程中，每个孩子都是财商项目的参与者，也是挑战者。

吴科要全身心投入项目，才能帮助团队一起完成任务。

项目的内容：有一组客户想到海外旅游，期望找到能够提供优质服务的旅游公司来完成本次服务。

旅游公司通过以下方式获得收入：

一、服务费：客户旅游费用的 15% 为旅游公司服务费。

二、服务奖励：如果客户对服务质量很满意，旅游公司还能额外得到一笔 5% 的奖励。

三、利润差：在达到客户的要求后，旅游公司所节约的费用归旅游公司所有。

孩子们被激励政策深深地吸引了，愉快地接受了挑战项目。

项目中的客户就是参与项目的孩子的父母，每个客户必须遵守“两管”原则：“管住嘴”“管住手”，即不对孩子的正常经营行为指手画脚，不帮孩子做事情，把自己当作正常客户，把孩子当作旅游公司的员工来对待，面对服务过程中不满意的地方要及时提出来让孩子改进，必要时，还可以刁难孩子。

为了获得更高的收入，孩子们想尽一切办法努力赚钱。

3天的系统培训后，孩子们根据服务需求进行了人员分工、方案设计、客户沟通等一系列工作。他们把项目中需要完成的工作分成了24种，设置的岗位除了总经理、财务总监、项目总监外，还有路线设计员、客户联络员、保安、保姆等，每个孩子都积极地承担着相应的角色。

吴科担任的是项目行程管理员，负责行程中吃、住、行等方面的事宜。为了寻找性价比高的方案，他绞尽脑汁地到处寻找更优惠的项目信息，每次都会找到三种信息发给伙伴们，期望能够找到更好的方案，帮助总经理和财务总监进行预算，帮助公司赚到更多的钱。

为了租到合适的车，早上6点多，他和总经理就起床，找到车后迅速返回酒店通知客户上车。妈妈看着他的变化诧异不已：“以前，孩子出去旅游，都是非五星级酒店不住，进出要求打车，还时不时抱怨吃得不好。但他为了赚钱，居然能够走远路、不抱怨吃、不抱怨住，还能努力去做好多事情，这是我万万没有想到的。”

不仅吴科有这样的变化，其他孩子也在逐步发生变化。

项目进行期间，孩子们的方案和客户的要求总会有出入，面对客户故意提出的过分要求，如何在控制成本和让客户满意之间找到平衡，获取最大的收益，是孩子们面临的新挑战。

在以赚钱为导向的情况下，孩子们学会了控制情绪，耐心地解答客户的每个问题，引导客户接受他们推荐的方案；孩子们充分了解旅游地的各种信息，精心准备目的地的景点解说词；保姆团队每天跟进客户的需求，无论多累多晚都会为客户提供夜宵；内向的孩子甚至在客户的要求下，突破自我，勇敢地为客户表演节目。每天复盘讨论后，孩子们已经细致到以 10 分钟为单位进行行程安排和进行 10 元钱以下的财务预算。

共同的目标让孩子们迅速组成了团结统一的行动团队，团队凝聚力在一次节约活动中得到充分的体现。一次吃午餐时，吴科为了让客户满意，特意给客户点了特色菜。可是为了最大化地节约成本，他为他们自己点的菜非常简单，导致餐厅老板不停地问：“Enough（够了）？”

以节约为导向、以让客户满意为目标的财商思想贯穿整个项目活动。比如，客户期望打车，孩子们就会想方设法地劝说客户，说走走有利于健康，走路可以了解不同国家的风土人情等。

每晚进行复盘，统计当天的费用时，节约了费用他们就一起欢呼，费用超标了就努力寻找原因，讨论如何改进，还要充分预估随时可能出现的客户的“刁难”并想出应对方案，提出的所有优化方案在第二天就会立刻被执行。

一次次讨论、一次次优化，孩子们各方面的能力得到了快速提升。

海外财商项目活动结束后，孩子们不仅赚到了旅游费用，还如愿以偿地拿到了客户服务费。整个项目活动下来，孩子们最大的心得是：“比上学还累。”“客户难伺候，赚钱很不容易。”“要充分利用各种谈判技巧把费用节约下来，节约的就是自己的。”“没想到一次旅游还有这么多事！”“看到我们小，还有人想骗我们，社会不简单。”“每天换汇可能比一次性兑换更划算。”“酒店价格每个时期显示的都不一样，要多比较。”……

甲方和乙方的最大的差别是，甲方负责提要求，乙方负责满足要求，孩子从家庭的甲方向乙方转变，不仅是角色的变化，更重要的是了解乙方心态的过程。

从花钱不操心到精打细算，从被父母呵护在手心里到行事不得不思虑周全、安排妥当，从挑三拣四到学会观察客户的脸色、以满足客户的需求为中心，这些能帮助孩子理解真实的生活、父母的付出、自己的能力、钱的效力等。

旅游是促使孩子成长的实战锻炼，越锻炼孩子越厉害，我们完全可以相信孩子的能力。

表 10 能够帮助我们轻松地和孩子沟通旅游项目管理。

表 10 旅游项目管理方案

项目	思考问题	请罗列	预计孩子可做什么
旅游方案	我期望孩子通过本次旅游收获什么？	1. 风土人情 2. 历史文化 3. 经济发展 4. 城市规划 5. 市场考察或调研 6. 大学风貌 7. 学科知识 8. 职业引导 9. 生存知识 …………	
	去哪里？	根据期望达成的目的，罗列出具体地点 1. 国家、城市 2. 景点 3. 考察地点	

续表

<table>
<tr><th>项目</th><th>思考问题</th><th>请罗列</th><th>预计孩子可做什么</th></tr>
<tr><td rowspan="2">旅游方案</td><td>需要提前准备的资料</td><td>1. 目的地的相关信息介绍
2. 交通行程安排及预计的时长
3. 酒店信息
4. 行程安排表
5. 购买门票的时长</td><td></td></tr>
<tr><td>安全管理事项</td><td>1. 景点风险
2. 交通风险
3. 家人走失预案
4. 住宿点是否有安全隐患
5. 当地报警电话
6. 目的地存在的消费陷阱</td><td></td></tr>
<tr><td rowspan="5">旅游费用预算</td><td>交通</td><td></td><td></td></tr>
<tr><td>门票</td><td></td><td></td></tr>
<tr><td>餐饮</td><td></td><td></td></tr>
<tr><td>礼物</td><td></td><td></td></tr>
<tr><td>其他</td><td></td><td></td></tr>
</table>

续表

项目	思考问题	请罗列	预计孩子可做什么
具体工作	信息收集	目的地信息收集（含语言、习俗、餐饮、人文、地理、天气、注意事项、厕所标识等）	
		景点相关信息	
	方案制订	行程方案设计	
		行程单（含各段行程的时间）	
		天气查询及准备	
		行程转场及准备	
	物品管理	药品	
		洗漱物品	
		证件	
		安全防护用品	
		翻译软件	
		地图（电子或纸质）	
		网络	
		完成物品清单	
	日常管理	办理交通手续	
		证件管理	
		行程物品管理	
	财务管理	餐费管理（含点餐及结算、开票）	
		每日费用结算	
		购买门票	
		租车预订	
		酒店预订及管理	
		机票 / 车票购买	
		礼品选择及采购	
		完成财务预算表	

根据孩子的年龄和能力，父母要让他们承担不同的任务，随着孩子的成长逐步进行任务设计，让孩子有更多的财商锻炼机会，帮助孩子提升如下能力。

1. 职责梳理和任务分配，这是领导力的基础

父母和孩子共同讨论旅游中涉及的任务和岗位职责，让每个家庭成员都承担相应的职责，让孩子选择可以完成的任务。

2. 行程设计及管理能力

通过旅游项目，孩子可以了解行程中的景点、城市及相关信息，根据目的地和相关信息，预估可能存在的风险并提出应对方法，形成可执行的有效旅游方案。

年龄小的孩子，负责完成局部的小项目，初中的孩子基本上可以胜任大部分项目。

3. 信息搜集及分析能力

父母让孩子了解当地的酒店、餐饮、娱乐、交通等方面的价格信息，识别正规的信息渠道，学习网络信息搜集、甄别、分析的技巧。

4. 财务规划

父母和孩子一起完成旅游的项目预算，让孩子逐步掌握财务预算技巧。

如果孩子的能力及条件允许，父母可以让孩子负责购买门票、食物等事项，使他们充分了解物价信息。

5. 风险管理

家长要让孩子掌握旅途中求救的方式、自我保护的方法，包括与陌生人交流、识别社会陷阱等，这些都是孩子必须学习的社会生存技巧。

住：别让孩子置身生活之外

初中的孩子，对日常消费能理解多少呢？

当我们和孩子沟通后发现，孩子对消费的理解主要集中在娱乐、食物、服装、教育、通信等方面的费用上，住，往往是最容易被忽略的部分。

有一个初一的男孩子，认为800元就够一个月的花费了，理由是在学校每天只需要花费17元，除了餐饮费、电话费、网络费、服装费外，就不需要其他费用了。

我们和孩子的父母沟通时，就这个问题得到了两种回答：第一，没有想过要和孩子沟通住房的事情；第二，住房是大支出，孩子年龄太小还不能理解，没有必要谈。

住，是中国家庭不可忽略的重要生活要素，是家庭资产或日常消费中的重要部分。孩子进入社会的第一件事情就是解决住宿问题。

2018年，《中国青年报》调查显示：有82.1%的受访年轻人坦言房租给自己带来的经济压力很大，有20.7%的受访年轻人称每月房租占其月收入的一半及以上，可见住房方面的花销对生活的影响非常大。

不回避问题，是解决问题的第一步。初中的孩子完全能够理解住的意义，也是家庭中的一员，父母是时候让孩子了解住的相关信息了。

优质教育：为什么好学校旁边的房子更贵?

教育是家庭事务的重中之重，无论家庭收入如何，父母都会尽可能地为孩子提供最好的教育条件。

父母对孩子的教育极度重视的体现是城市“候鸟式”家庭越来越多。为了保证孩子有充足的睡眠，方便孩子上学，父母往往会搬到孩子的学校附近居住。从孩子上小学到上高中，“候鸟”父母在城市里不断迁徙。

“候鸟式”家庭在选择住房时，有条件的会选择买房，买不起的就租。

随着“候鸟式”家庭越来越多，学校周边的房屋市场出现了名校“虹吸效应[①]”，导致学校旁边的房子价格总是比同区域其他房子贵。学校越好，房子离学校越近，房子价格越高，即使房子比较旧，依然非常抢手。

严明的孩子学习很好，不出意料地被知名初中录取了，收到录取通知书的那一刻，严明既开心又有压力。学校距离现在的家比较远，一路畅通的情况下开车也要近40分钟，这意味着孩子要早早起床，匆忙吃完早餐就出发。如果孩子起晚了，就要面临路况拥堵的风险，加上自己经常出差，家人工作也很忙，接送孩子就是非常实际的问题。

解决孩子上学的交通问题迫在眉睫，搬到学校附近显然成了解决问题最有效的方法，严明内心已经做好了成为“候鸟族”的心理准备。当调查了学校周边的租房信息后，严明倒吸了一口冷气，即使是比较旧的房子，租金一个月也在3 000元左右。

他算了一笔账：家里月度总收入是2万元，而支出方面，房贷4 500元，车辆费用1 300元，生活费3 500元，

① 虹吸效应，又称虹吸现象，指物理学中由于液态分子间存在引力与位能差能，液体由压力大的一边流向压力小的一边的现象。

补课费 2 000 元，保险费 1 000 元，服装费 1 000 元，旅游费 1 800 元，人情往来的费用 800 元。

严明粗略一算，月度支出差不多是 16 000 元，如果现有的房子不出租，再租房会加大家庭财政压力。在和家人反复商量后，他还是决定搬家，但这一定会造成家庭生活品质下降。他思来想去，决定把家庭面临的情况如实地告诉孩子。

孩子从小没有想过钱的事。当严明告诉他家庭面临的情况后，孩子沉默了很久后问爸爸："是因为我，家里才比较困难吗？"

严明坦然地说："不是你的原因，是因为你长大了，所以我愿意把家里的情况告诉你。每个人都会遇到阶段性的财务困难，但是为学习而投入是非常必要的事，值得去做。即使面临困难，相信我们大家一起努力就会渡过难关。"

孩子心中顿时释然，继续问："为什么学校旁边的房子那么贵？"

严明告诉孩子，因为大家都想上名校，名校周边的房子离名校近，可以节约上学的时间，对时间紧迫的人来说，时间非常宝贵，能够帮助人节约时间的稀缺房子自然就比较贵。

孩子听完后，默默地走回房间，关上了房门。

严明担心了整整一晚上，有点儿后悔把家庭的情况告诉孩子了。可让他没想到的是，第二天早上，孩子郑重其事地告诉他："我长大了，可以分担家里的压力了。我想暂时取消补课，通过自己好好学习来提升成绩，这样就可以节约一点儿钱了。”

接下来的日子，孩子的改变让严明很诧异。以往还要人督促学习的孩子，变得积极主动起来，自己把学习任务安排得井井有条，忙而有序，这是严明完全没有想到的结果。

生活成本：孩子只负责学习，其实是错的

生活对人的“毒打”是全方位的，房子的成本是非常重的！

为了节约成本，年轻人不得不在生活品质和通勤时长之间做出选择。

大学刚刚毕业的陈林在陌生城市的电视台工作。为了节约费用，她不得不住在郊区，每天骑自行车上下班，上班就要骑近一个半小时。为了在8:30到达电视台，她必须在早上6:45出发。冬天上下班又冷又黑，她经常是手被冻得通红，握不住把手，要骑很久才有一丝热气；夏天热，蚊虫又多，满身是汗，引得蚊虫到处叮咬，回到家时她常常腿上全是包。

她如果遇上加班的情况，回家时就会很晚，越往郊区走人越少，昏黄的路灯照在地上，偶尔遇到同样夜归的人才觉得安全。每每这个时候，她都会骑得非常快，生怕被人打劫。

这样的日子持续了很长时间，直到她在市区租了一个单间，才结束每天近3个小时的骑行生活。

Kevin是知名公司的管理层人员，为了追逐梦想，选择舍弃原来稳定的工作去北京发展。

北京的消费水平很高，刚开始他的工资不高，他不得不选择住在离公司很远的地方，和一群人分别住在几个小隔间里——不足几平方米的狭小空间里只放得下一张床，连门都无法完全打开。

每天，他早早就出去，很晚才回来，整整几个月，上下班的途中都没有见过太阳。

付出必有回报，几年过去，Kevin不仅在北京拥有了自己的家，事业也蒸蒸日上。

我们问他为什么能接受如此简陋的居住条件，他回答道："像我们这样的普通人，只有通过不断的努力，才能过上自己向往的生活。"

陈林、Kevin原本就像一只不起眼的蚂蚁，然后慢慢从蚂蚁逐步变成大象。在螺旋式上升的过程中，"生存"和"生活"是他们必须面对的问题。

每个孩子在进入社会前，享受着父母为之创造的"生活"，进入社会后，开始独立"生存"。从"生活"到"生存"，是孩子脱离原生家庭的开始。从"生存"到"生活"，是孩子的能力的体现，是生活对孩子的努力的回馈。

经济越发达的地区，居住成本越高。父母想让孩子长期在一线城市发展，住就是全家面临的现实问题，无论是否要掏空家里的“6个钱包”帮孩子圆梦，孩子都必须自己面对住的问题。

对进入社会没有心理准备的孩子，骤然之间面对种种压力，心理承受能力也将面临极大考验，扛过去了就皆大欢喜。

孩子进入社会后，父母早期在孩子心理账户中存入的积极收入开始发挥积极的作用了，它能帮助小小的“蚂蚁”积极地面对生存问题。**心理账户长期处于透支状态的孩子，离开父母后会对比现在和以前在家的“生活”，势必会难以适应这之间的落差，最后只能从社会退到家里。**

社会骗局：孩子未来掉的“坑”，可能是父母给挖的

让一个人从富裕到赤贫，最简单的方法是什么？

生活中藏着许多令人变穷的因素，比如上当受骗，就可能让人快速从中产状态回到赤贫状态。

社会上的骗局层出不穷，骗子是绝对不会因为“他只是个孩子”或者良心发现而放弃行骗的。那些被法律禁止的行为，往往是最快获得财富的方式，心术不正的人往往会选择铤而走险。骗局具有两面性，有人想骗钱，就会有人被骗。

在世人眼里，被骗似乎与学历无关。近些年来，媒体屡屡报道的高学历、高智商人士上当受骗的新闻引发了更多父母的

思考：我家孩子长大后，如何才能避免上当受骗？

> 2020年，准研究生王青青被一个诈骗电话骗走了37万元，被骗走的钱中有她打工一年赚的学费，还有从亲戚处借来的30万元。她家是农村低收入家庭，家中还有两个妹妹，一个在读大学，一个正准备高考。骗局导致刚刚脱贫的家重新返贫，让本可以改变现状的家庭重新陷入了困境。

类似的案例还有很多：某大学50多岁的教授被骗1 760万元，留学英国的浙江女生被诈骗500余万元，27岁的扬州女孩子网恋半个月被骗走41万元，广州某博士被电信诈骗85万元……

警方通过详细了解受害人具体被骗过程后发现，骗子的诈骗套路非常低级，手法非常老套，可是仍然有许多人上当，其中不乏高学历、高智商的人。

骗局不仅仅会让人失去财富，还可能让人失去感情甚至生命。

孩子因为社会经验不足，非常容易被各类具有诱惑力的虚假信息迷惑，掉进陷阱。

如果我们没有强大的力量为孩子辟出一个纯真的童话世界，就很有必要培养孩子拥有一双“火眼金睛”，让他们能识别世界上披着各种伪装外衣的骗局。

“杀猪盘”骗局：以“爱”的名义，让女孩子倾家荡产

骗局往往是以蒙着“爱”的美好面纱出现的，让人卸下层层防备。

“杀猪盘”就是以感情为诱饵，引诱对方心甘情愿地付钱的一种骗术。其受害者中，有人背上了几十万元甚至几百万元的债务；有人从此抬不起头做人，世界观崩塌，变得自闭；也有人选择结束自己的生命。

“杀猪盘”的套路，是让人遇到“美好”的爱情，女性很容易迷失在骗子精心设计的“爱情”中。

所以，家有女孩子的父母更要当心，防骗培训从小开始，才能避免孩子遇到“爱”的陷阱时成为“傻白甜”。

在婚恋网站和社交平台上，女性很容易成为“杀猪盘”骗子的猎物。此类骗局往往是同样的套路，一个陌生优质的“高富帅”主动添加女孩子，女孩子发现“高富帅”的朋友圈里都是各种高品质生活的缩影，如高级酒店的下午茶、旅游、健身、图书馆、打高尔夫、骑马、酒会等。

为了让女孩子放松警惕，刚开始的时候，“高富帅”通常不会过分热情地和女孩子聊天，先耐心地了解女孩子的习惯和爱好，逐步投其所好，最后发展到相见恨晚的热聊程度。人生难得一知己，何况还是如此高质量的知己，女孩子会认为上天

待她不薄，终于让自己遇到了对的人。

在“高富帅”的暗示下，女孩子迅速和“高富帅”建立恋爱关系。当基本掌握女孩子的情况后，“高富帅”就开始准备收网。“高富帅”会“不经意”地告诉女孩子自己的理财情况，还时不时地展示理财收入来佐证。

接下来，“高富帅”会给女孩子发理财平台的链接，当女孩子小试一把之后发现果然能赚钱时，出于自己的实践经验和对对方的信任，会在“高富帅”的敦促下投入大笔资金进行投资理财。

当女孩子再也没有多余的钱投资理财后，“高富帅”就会如人间蒸发一样，再也不见踪影。

如果被骗女孩子选择报警，会发现“高富帅”连头像都是从“帅哥合集”里找的照片，根本无从寻找。

就此，整个“杀猪盘”骗局结束，无论猎物是谁，套路都一样，根据猎物的防备心理的严密程度，收割时间从一周到数月不等。

长期生活在“真空”环境里的女孩子，显然不是骗子的对手，帮助女孩子识别“美好情感、关怀”之下的骗局，父母义不容辞。

1. 学会甄别：日久见人心

日久见人心是前人多年实践得出的真理，从陌生人到朋友是一个甄别、了解的过程，经得起时间检验的才是真正的朋友，而骗子往往最缺乏耐心，会在时间的考验下现出原形。

2. 慎重进行财务决策

从小经过财务授权培养的孩子，往往会慎重地对待人生的重大财务决策，不会在陌生的平台轻易转账，做重要财务决策时更是要一停、二验证、三留证。

一停：先停下来，不要着急。

二验证：通过多方渠道了解信息的可靠程度。

三留证：养成留存证据的习惯，重要的财务交易更是要保留所有往来凭据。

3. 及时报警

如果孩子不幸被骗，请果断报警。

缺爱的女孩子更加渴望得到爱，长期缺乏温暖的孩子很容易被甜言蜜语打动，父母给女孩子再好的生活，都不如给她真心的呵护。被爱滋养大的女孩子，才会真正远离“杀猪盘”。

钱永远不能代替父母的爱，父母给再多的钱都不如用心去爱孩子。

赠品：天下没有免费的午餐

各大繁华商圈里经常会出现一个情景：年轻的父母带着孩子走在路上，突然有人递给孩子一个可以免费领取的玩具。看着孩子不愿撒手的样子，年轻的父母想着反正又不花钱，于是就在推销人员的要求下，扫描二维码填写资料，顺利拿到免费的玩具。

而家旁边的菜市场，有一家销售医疗用品的公司，销售员热情地拉着年老的父母，邀请他们体验医疗保健用品，并且信誓旦旦地说体验多久都不要钱。销售员还时不时邀请父母出去一日游，一日游的行程很丰富，车接车送，包一顿午餐，还有丰富的老年人活动，结束的时候，还会赠送老人5个鸡蛋。

送免费的礼物、邀请一日游、送鸡蛋，难道公司都是做慈善的吗？

过不了多久，我们的手机上会出现各种课程的推销广告，还时不时有人打电话让孩子参加各种培训。

而很长时间之后我们会发现，一向生活节俭的父母居然偷偷摸摸地买了一堆我们不知道的昂贵药品或者保健床、枕头，还极力隐瞒，生怕我们知道。更让我们无法接受的是，他们认为医疗保健用品的销售人员比我们还孝顺，无论我们怎么劝他们，甚至报警，都无法阻挡他们购买医疗保健用品的决心。

面对这些情况，我们该如何向困惑的孩子解释呢？

经济学大师弗里德曼说："天下没有免费的午餐。""免费的午餐"的背后通常藏着最直接的目的——获得利益。

没有不以赚钱为目的的商业行为，商家对客户所有的"免费"都是为了获得更高的回报。

商家要考虑付出的成本和获得的收益，赠品对公司来说就是成本，最终都要摊到产品上，如果没人买单就只有公司承担成本。领取赠品或占了商家便宜的客户，会被商家牢牢地盯上，要么买单，要么坚持到商家放弃！

第六章

教孩子投资理财：让钱去生钱

我们如何才能让财富快速增长？答案是有更多渠道赚钱！

如何实现财富快速增长？这是孩子未来将会面对的一道人生难题。

我们要解答这个问题，先得理解财富流转的路径。

财富通过创造、交换、分配完成再次分配，形成动态的分化。

工作是获得财富最直接的方式，孩子通过获得工资完成财富的原始积累，积累的速度由结余来决定。孩子想靠工资实现财富自由，必须成为能够提供高价值的人，除了提升自身价值，没有捷径可走，所以不断提升学历或者掌握提供高价值的技能就是有效的解决方法。

如果孩子能够拥有多元化的可交换资源，就可以获得多样化的财富来源。

孩子利用在赚钱的篇章里所提及的特殊才能，或者是借助外部力量，如技术、知识、流量、资源等，都可以实现财富的交换。

当我们提供的资源足以改变分配规则时，就具备了话语权，占据了财富分配的高地，如行业的定价权、资源的供给渠道、消费流量的引导权、市场风向、技术专利权威等，创造财富的能力就非常惊人。

无论社会如何变化，财富分配和再分配始终在发生，只要财富在流转，不同时期的人生“优等生”就有机会找到快速积累财富的最优路径。

财富增速越快，我们实现财富自由的可能性就越大。

孩子要理解的理财：人人都能理财

理财的门槛很高吗？

从 350 元到 7 000 元，她是这样做的。

李敏大学毕业后的工资为每月 350 元，除去必要的消费，每个月的结余只有 100 元。每到月底李敏看着肉都能流口水。她立志要改变捉襟见肘的现状，但每个月只有工资收入，结余也只有这么多，如何才能改变现状呢？

看看卡里的 350 元钱，她心想：就这么一点儿钱能干什么呢？

她想了解有什么可以让财富增长的方式，于是向银行咨询350元能干什么，银行的工作人员告诉她可以定投理财产品。

在恶补了相关知识后，她谨慎地选择了一款理财产品开始尝试。

就这样，她把每个月结余的100元钱都投到了理财当中。随着收入的不断增加，结余也在增加，她的理财定投也在增加，从每个月100元到后来投入更多。持续了几年后，她打开账户看到收益已经有7 000元的时候，开心地叫了出来。

现在她已经拥有幸福的家庭，有多套住房和多种稳定的理财收入，回想当年第一次理财，仍然非常开心。

尝到了理财的甜头后，在孩子8岁时，她就给孩子设立了理财账户，让他自己尝试理财，隔一段时间就和孩子看看账户的变化。理财产品的盈亏居然成为母子之间经常交流的话题，通过日常财商的实战培训，10岁的儿子谈起投资理财产品已经头头是道。

每个月，她给孩子100元零花钱，孩子就把100元分成3份——40元、40元、20元，其中两个40元用于理财，20元用于日常消费，如果没有消费就存起来购买理财产品。短短两年，孩子的账户上居然有了一笔不小的收入。

李敏很明智，认为传多少财富给孩子，都不如将财富增长的知识传给孩子有用。

“勿以财少而不理”，是李敏想传给孩子的财富密码。她不断让孩子用财富最佳解题方法进行“刷题”，强化解题技能，从而获得财富高分。

理财，不是为高门大户设立的高门槛，普通孩子也能从 10 元开启理财之路。

管道思维[①]：孩子什么时候能实现财富自由?

孩子什么时候才能实现财富自由？一千个家庭有一千个答案。

2010年，北大教授曾测算出，在中国，一个家庭要拥有1 000万人民币才能实现财富自由。

2021年，胡润研究院发布财富自由门槛，分为入门级、中级、高级和国际级四个阶段，并细分到中国一线、二线、三线三类城市。一线城市的入门级财富自由门槛是1 900万元，三线城市的入门级财富自由门槛是600万元。（见表11）

以千万为单位的数字让人惊诧不已，难道财富自由的门槛已经如此之高了吗？按照这样的金额，普通家庭是否就不具备实现财富自由的资格了呢？

① 管道思维，指跳出单一职业与收入的局限，规划收入、分配开支、学习理财以建立财富管道的思维。

表 11　2021 胡润财富自由门槛

	财富自由门槛（万元）	常住房（平方米）	第二住房（平方米）	汽车（辆）	家庭税后年收入（万元）
入门级	三线城市：600 二线城市：1 200 一线城市：1 900	120	/	2	三线城市：20 二线城市：40 一线城市：60
中级	三线城市：1 500 二线城市：4 100 一线城市：6 500	250	200	2	三线城市：50 二线城市：100 一线城市：150
高级	三线城市：6 900 二线城市：12 000 一线城市：19 000	400	300	4	三线城市：250 二线城市：400 一线城市：650
国际级	35 000	600	400 × 3	4	1000

来源：胡润研究院

什么是财富自由？人们的认知基本一致：停止工作以后，仍然有足够的钱保持期望的生活水平。

看，财富自由其实没有标准，因为每个人对“期望的生活”的标准不一致。

财富自由公式：主动收入 + 被动收入 – 期望消费支出（含通货膨胀带来的增长）>0。当主动收入为零（通常指停止工作）后，被动收入 > 期望消费支出，且能够一直持续到死亡时，财富自由的条件就达到了。

所以，财富是否自由，取决于以下几个方面：

一、期望的生活水平。二、计划在哪里生活以及养老？三、期望的生活水平维持到生命结束，预计是多少年？每年需要递增的费用是多少？四、人生会遇到多少意外事件，需要准备多少应对意外的费用？五、有没有源源不断的被动收入？

财富自由的关键点是拥有源源不断的被动收入，投资理财就是帮助孩子在有能力的时候，不断拓宽收入来源的方式。

有一群人的做法，给我们打开了另外一种实现财富自由的思路。

FIRE① 运动，旨在通过降低物欲，过极简的生活，迅速攒够一年生活费用的 25 倍的钱，就能在 30 岁左右退休。

30 岁就可以停止工作，实现财富自由，这听上去很诱人，但是否具有可操作性呢？

FIRE 运动的依据是“4% 原则”退休金理论。

1994 年，麻省理工学院学者威廉·班根提出了“4% 原则”。在分析了美国过去 75 年来的股市和退休案例后，他归纳出只要每年从退休金本金中提取不超过 4% 的资金来支付日常开销，并根据通货膨胀率逐年微调比例，即使到过世，退休金都花不完。

假设停止上班，每月花费 1 万元就能满足“期望的生活”，则需要用 12 万元除以 4%，也就是说需要准备的退休金（本金）

① FIRE 是英文“Financial Independence Retire Early”的首字母缩写，中文翻译为“财务独立，提早退休”。

为 300 万元。如果我们计划到低消费的城市生活，每个月的花费从 1 万元降到 5 000 元，则退休金本金就降到 150 万元。

表 12　“4% 原则”预测退休金

单位：元

期望生活的月度消费	期望生活的年度消费	准备退休金
30 000	360 000	9 000 000
20 000	240 000	6 000 000
10 000	120 000	3 000 000
8 000	96 000	2 400 000
5 000	60 000	1500 000
3 000	36 000	900 000

根据 2020 年我国 31 省份（自治区、直辖市）居民人均消费支出的数据：上海人均年消费支出达 42 536 元，成为“最能花”的城市；北京紧随其后，人均消费支出 38 903 元。这样一来，根据“4% 原则”，一个三口之家按年消费 13 万元计算，家庭退休金准备 325 万元即可。

“4% 原则”让“退休的钱”从遥不可及的千万元级别降到百万元级别，普通家庭通过努力也有望达到。

我们穷尽一生心血，付出无数代价，为孩子做好了所有的安排，推敲了所有的细节，精心准备了所有的桥段，就是为了让孩子能够拥有稳定幸福的生活。

复利威力：时间，让有钱变得更有钱

复利是世界第八大奇迹，威力甚至超过了原子弹！

——爱因斯坦

这句话足以说明复利的威力，但是复利的威力到底有多大呢？

折纸的游戏让复利的威力显现无遗。

我们让孩子猜一下，拿一张A4纸，不停地把纸张进行对折，最多可以对折多少次？答案是最多可以对折8次。

为什么厚度约为0.1毫米的A4纸最多只能对折8次呢？

数据说明了真相，A4纸每对折1次，厚度增加1倍，当折到第8次时，厚度已经是原先的256倍了，也就是2.56厘米。

凭借人手的力量，已经无法再折叠纸张了，即使凭借机器的力量折叠次数也不会超过12次。曾有挑战者借助压力机来折叠，在成功对折12次后，纸张就完全碎了。

据科学家模拟测算：当纸张被连续对折42次时，纸张总厚度能够连接地球与月球；被连续折叠51次时，纸张总厚度能将地球和太阳连接起来；对折的次数达到81次时，纸张总厚度约为127 786光年，已超过银河系的直径；若能将一张纸连续对折103次，结果是整个宇宙都无法装下这张纸。

一张薄薄的纸是如何创造出如此惊人的数据的呢？其中的

奥秘就等同于复利。

复利蕴藏着巨大的威力，可复利到底是什么呢？

复利就是人们通常所说的利滚利，是指在计算利息时，某一计息周期的利息是由本金加上之前周期所积累的利息总额来计算的计息方式。

复利用在高利贷上，会让借钱的人还钱速度追不上利息增长的速度，最终债台越筑越高。

上海的大学生小侯，本来只是借了 4 万元，却在高利贷的层层套路下，半年时间欠下贷款 100 多万元。

复利用在投资理财上，则会让财富实现惊人的增长。

用公式来解释复利的威力更加清晰：

本息和 = 本金 ×（1+ 单利利率）× 期数，即到期后一次性结算利息，而本金所产生的利息不再计算利息。

本息和 = 本金 ×（1+ 复利利率）× 期数，即把上一期的本金和利息作为下一期的本金来计算利息。

我们在银行的存款，大多是单利，有的理财产品使用的是复利计算方式。复利和单利，在理财初期的时候，差别还不是很大。

假如我们和一位同学的妈妈同时为孩子做财务准备，都购买了 10 万元理财产品，中间不再追加本金。我们采用的是复利，同学的妈妈采用的是单利。复利和单利的利率均为 10%，30 年后，来看一下我们和同学的妈妈留给孩子的财富分别是多少（见表 13）。

表 13　复利和单利的差距

理财的时间（年）	我们的复利总和（万元）	同学的妈妈单利总和（万元）	差距（倍数）
0	10	10	0
10	25.9	20	1.295
20	67.2	30	2.24
30	174.4	40	4.36
40	452.6	50	9.05

双方同样投入了 10 万元，刚开始的时候，复利的作用很微小，拉长时间看，就产生了非常惊人的差距，时间越长，复利效应越明显。30 年后，我们投入的 10 万元增加到了 170 多万元，比同学的妈妈留给孩子的整整多了 130 多万元。

理财宜早不宜迟，越早开始，复利倍增效果越明显。

父母要充分利用时间要素，加上复利效应来提升财富增长速度，让孩子尽早进行财富增长的活动，即使是微小的举动，也能让孩子获得更多的财富。

投资培养：让孩子的理财失败出现在我们有能力承受的阶段

有财商意识的家庭，父母早已让孩子尝试投资理财。

在我们走访的有财商意识的家庭中，父母会根据自己的成功经验来培养孩子投资理财的能力。经营企业的家庭，父母会让孩子参与到经营中；擅长投资理财的家庭，父母会让孩子进行投资理财；职场人士会关注孩子的技能培养等。

一个知名企业家，在孩子10多岁的时候，就已经带着孩子去考察项目，让孩子全程参与现场考察、项目谈判、企业沟通等工作，还会征求孩子的意见。

有个非常擅长股票投资的爸爸，在投资理财市场上屡屡斩获佳绩，早已实现财富自由。他的孩子8岁时就拥有了自己的股票账户，这位爸爸存入了10 000元作为孩子的投资理财原始资金。

作为被动收入的主要来源，投资理财是实现财富增长的重要方式，在风险可控的情况下，父母要让孩子尽早学习，成为财富的强驾驭者。

纸上谈兵是教育大忌，经验都是实战积累出来的。

父母对孩子投资理财意识的培养，要从小金额开始循序渐进，孩子才会拥有管理更大金额的智慧。父母让孩子从小金额开始投资理财，采用沉浸式教育的方式，让孩子在投资理财实战中不断积累经验，孩子才会获得更好的投资理财机会。

以下方法可以帮助父母培养孩子的投资理财意识。

1. 建立投资理财风险意识

设立投资理财亏损和收益的上下限。

投资理财的回报当然越高越好，但高收益也意味着具有高风险，投资理财要尽量避免赌徒心理。

父母要帮助孩子设立上下限，把风险控制在可承受的范围内，守住贪婪和沮丧两道门，才可能让孩子未来收获更多财富。

2. 区别投资理财和投机

投资理财关注长线价值，投机是短期行为。

真正的投资理财家注重投资理财项目的长远价值，而不计较短期的得失。

3. “二八定律”

在所有的投资理财项目中，如果有 20% 的投资理财项目能够获得高收益，已经非常了不起了，这 20% 的投资理财项目不仅能够承受 80% 的亏损，还能有不错的收益。

我们可以让孩子进行传统行业、新兴行业投资理财的组合尝试，在尝试过程中不断总结投资理财的“二八定律”。

4. 分散投资理财和集中投资理财

鸡蛋放在一个篮子里，有可能获得最大化的利润，同时也可能面临最大的风险。父母可以让孩子进行两种尝试，分析产生不同收益的原因和利弊。

5. 学习投资理财技巧

投资理财需要知识和技巧，每个时期都有新的经济增长点，孩子需要不断地更新知识。只有不断学习，孩子才能具备敏锐的投资理财眼光。

掌握金融知识：父母让孩子多看金融类的书籍、报纸杂志等。

了解经济变化：父母让孩子多看财经类新闻、评论节目，参加沙龙分享等活动，或者让孩子多和喜欢金融的朋友在一起聊天。

数学分析技巧：父母要让孩子养成分析商业数据的习惯。比如，去吃早餐时，和孩子计算早餐店的月度营收，预估人均消费情况、餐桌翻台率，估算潮汐人流量、运营成本等，最后计算出早餐店的盈利情况。

6. 进行小金额投资理财实战

考虑到孩子的投资理财能力和家庭承受能力，父母给孩子的本金可以从 500 元、1 000 元开始，当孩子已经有一定的投资理财能力后，再适当增加资金。

第七章

让孩子具备商业思维：未来，创业会是常态

“找准趋势，永远不要与时代作对。”

营销大师科特勒说：“如果5年内，你还以同样的方式来做生意，那你就离关门不远了。”

这就是现在的世界，每时每刻都在变化，不以我们的意志为转移。提前做好应对变化的准备的人，会获得更多的机会。孩子应规避前景暗淡的行业、公司或岗位，与趋势相悖犹如在流沙中奔跑，即使非常努力，也只会越陷越深。

我们期望孩子获得一份安稳的工作，孩子的内心却可能渴望另外一种生活。

如果我们和孩子讨论关于未来的话题，如“以后你想做什么？”，孩子的答案会是什么呢？

科技发展让孩子的梦想多元化，获取财富的方式也越来越多。从国内外对青少年的梦想的调查结果来看，答案已经不限于老师、科学家、医生等职业，自由工作者、游戏主播、博主、创业者等答案也逐渐涌现出来。

2019 年，人民论坛问卷调查中心做过关于自由职业意愿的调查，结果显示：67.4% 的非自由职业者很想成为自由职业者。这一点，我们在初、高中学校做职业规划调查时也得到了印证，我们在现场征询孩子未来的梦想后发现，约 40% 的孩子已经不想成为雇员，想创业和成为自由职业者的孩子越来越多。

在别人思考时行动，在别人行动时思考。**在大部分父母还在让孩子努力学习的时候，我们可以停下来思考一下：我孩子的梦想也许是创业呢？**

即使孩子未来不一定真的会去创业，我们也要帮助他具备创业的能力。

未来工作：让孩子为未来工作模式做好准备

上一辈人灌输给我们的思想是“好好学习，找份稳定的好工作”。我们按照父母期望的发展路线，在考试中一路过关斩将地进入大学，进入社会，走入一栋栋写字楼，每月按时领取工资，再通过努力工作，获得享受美食、音乐、电影和旅行的资本，或者奋力拼杀，博取一个进入财富快车道的机会，最后走向被称为“该退休”的年龄，这样度过一生。

我们很少质疑当下的生活和工作模式，一切似乎都是理所当然的。

移动互联网时代，工作模式正在呈现外包或是寻找合作伙伴和自由工作者的趋势。我们为之工作的组织正在“变心”。越来越多的公司在考虑逐步把非核心岗位的工作外包出去，如财务、人力资源、物流、设计、生产等工作。

一边是越来越多想成为自由职业者的孩子，一边是正在实行多种工作模式组合的组织，面对这些，我们不得不思考未来的工作到底是什么样的，才能做好准备。

未来的组织和工作是什么样子的呢?

《未来的工作》一书对此进行了深入研究，作者认为：传统的雇员社会即将消失，有90%的全职工作岗位会在未来20年内消失，全职员工会变成自由工作者，企业也会把工作的重心逐步转移到外包公司和合作伙伴中去，传统的企业组织模式会被颠覆。

互联网时代正在深刻地改变我们的命运，从每年财富排行榜的更迭就能看出科技创造财富的能力有多强，互联网公司正在快速挤进财富排行榜前列，越来越多的年轻人可以凭借自身的实力和才华获得财富。

未来创业的人会越来越多，互联网科技将创业的门槛和试错成本降到人人都可以接受的程度，我们仅仅依靠一部手机也可以开始创业。

人人都可以创业却不是谁都可以成功，创业不只是投入时间和精力就行，还需要创业者具备商业思维，拥有相应的技能。

孩子小的时候，“创一代”宋美遐会问孩子：“长大以后想干些什么？”大女儿的回答显示了家庭对其的影响：“我想成为像妈妈一样的人，长大以后也创业。”

可是创业是什么呢？年幼的孩子还不太理解。宋美遐就告诉她，创业其实跟上学是一样的，要先种下一颗种子，花费精力去照顾它，经过耐心的等待，它才有可能发芽长大。**找到商业机会就像选择种子，创业就像花费精力去照顾种子，时机是否合适就像天气，只有能看到机会、拥有能力、耐心等待时机和懂得坚持的人，才能够获得成功。**

在她的解释下，大女儿似懂非懂地点了点头。

既然未来的工作模式有可能是自由职业或者是创业，我们为什么不提前帮助孩子做好准备呢？

人无远虑必有近忧，既然已经获知了未来的变化，我们最明智的选择就是为未来做好准备。

接下来，我们一起帮助孩子建立商业的思维，迎接未来的变化吧。

客户需求：世界这么大，商机在哪里?

在孩子们对未来进行畅想时，有创业想法的孩子越来越多。我们问一些父母：是否考虑过培养孩子未来创业的能力呢?

大部分父母认为：在上学阶段，孩子的主要任务就是学习，创业是大学以后才考虑的事，与家庭无关。

商业意识不是自来水，打开水龙头就会出来，需要经过长期积累才会逐渐形成。部分学者认为：在孩子幼年时期培养孩子的创业精神至关重要，因为孩子生来想象力丰富、精力充沛并且愿意冒险，此时不刻意培养，会让孩子在成长过程中逐渐丢失创业精神。

创业意识是从孩子小时候接触的环境中产生的。

巴菲特 6 岁时通过卖可乐、口香糖开始了自己的创业生涯；乔布斯 12 岁时参加工程师俱乐部开始思考苹果的雏形；扎克伯格小时候比较内向，所以想建一个社交平台；马斯克从小就是妈妈的助理了。

我们什么时候，用什么方式来培养孩子的创业思维呢?

8 岁的赵恒告诉爸爸，他想卖自己写的故事书，故事讲的是小男孩和家长斗智斗勇的故事。第一本“书”总共 10 页，故事画在漂亮的小本子上，每页的故事非常短，配上了生动活泼的画和对话，非常有趣。

书不仅有书名、封面、作者，还有价格，售价5元钱。

妈妈问：“你为什么选择写书卖钱呢？”

赵恒说：“我们班的同学都喜欢看书，我觉得书应该好卖。”

妈妈问：“你准备怎么卖呢？”

赵恒说：“我找了一个朋友，他有很多好朋友。我们已经商量好了，我负责写书和装订，他负责去卖，赚了钱我们平分。”

赵恒的父母非常支持他的想法，爸爸不仅帮他打印了5本书，还帮他细心地装订好。

一周过去了，赵恒的5本书全部卖掉了，还不断有同学追问书的后续连载情况。经历了小小的“创业”后，赵恒告诉父母，以后他也许可以成为一名专门给孩子写书的作家。

为什么赵恒对创业感兴趣，能够把写故事书作为创业的开始呢？

赵恒说出了原因：“我爸妈经常在吃饭的时候谈论公司如何找新的业务，怎样运作、谈判、销售，如何投资理财，我就想，如果我现在要赚钱，可以做什么？”

有需求，我们就有钱赚！

擅长观察的赵恒发现，同学们喜欢看漫画书，但是漫画书的故事更新比较慢，而自己从小学画画，又喜欢写点儿小故事，觉得可以从漫画入手。当征询了部分同学的想法后，他觉得卖书的事情可以做。

事实证明，有需求的市场，人真的可以赚钱！

李琪琪，优联国际教育集团CEO（首席执行官），在培养孩子的创业思维上，是这样做的。

李琪琪的儿子非常喜欢买玩具，有一天晚饭后路过楼下的玩具店，孩子问："妈妈，可以买这个吗？"她问孩子："这是需要的吗？如果你自己有钱可以买，但妈妈依然会建议你考虑一下，因为你已经有一个了。"最后，孩子噘着嘴跟着她离开了。

回到家里后，她问孩子："你想不想知道玩具是怎么做出来的？为什么会在店里卖？为什么卖这个价格呢？"她采用提出连续开放性的问题的方式带着孩子走入神秘有趣的商业世界，作为资深玩具玩家的孩子从来没有想过玩具背后的一系列问题。

整整一个下午，她和孩子兴趣盎然地查找相关资料，了解玩具工厂、建模、工人、贸易、销售、价格等概念，还一起扮演厂长、工人和店铺老板。孩子尽管比较小，不太理解玩具的定价，但通过一系列讨论和角色扮演的方式，对玩具背后的商业问题产生了极大的兴趣，导致此后的一段时间里，孩子的梦想就是成为玩具店老板。

如果我们想让孩子拥有创业思维，第一步是要让孩子了解客户的需求。

表14是马斯洛需求层次理论的内容，显示了人类潜藏着的五种不同层次的需求，由低层次到高层次依次为：生理需求、安全需求、社交需求、尊重需求、自我实现需求。

表14　马斯洛需求层次潜藏的五种需求

需求	具体体现
自我实现需求	道德、创造力、自觉性、解决问题的能力、公正度、接受现实的能力
尊重需求	自我尊重、信心、成就、对他人尊重、被他人尊重
社交需求	友情、爱情、亲情等
安全需求	人身安全、健康保障、资源所有性、财产所有性、道德保障、工作职位保障、家庭安全
生理需求	呼吸、水、食物、睡眠、生理平衡、分泌等

家长可以从简单的生理需求帮助孩子做创业训练，通俗易懂，让孩子参与集市活动是父母用得上的实战训练方式，客户需求抓得准，就容易卖出货品。

在集市中，有个女孩子卖的是和妈妈一起做的花生糖，一共只有10包。集市上来往的年轻女孩子非常多，糖很快就被卖完了，她非常开心，迫不及待地想参加下一次的集市活动。有的家庭只是想让孩子体验活动，带了一堆孩子的书，然而集市上卖书的孩子很多，书的种类又雷同，导致迟迟不能开张，孩子很沮丧。效果不好的体验很容易让孩子拒绝下一次实践。

我们通过下面的 5 个问题，引导孩子思考客户的需求：

（1）自己在哪里卖东西？

（2）会有什么样的人来参加？

（3）他们想要什么东西？

（4）客户的生活习惯、家庭成员、收入情况、消费能力是怎么样的？

（5）谁是买东西的付钱人？付钱人的想法是什么？东西性价比怎么样？

产品思维：五毛钱的辣条，孩子为什么会喜欢？

因为利润高，辣条成为商家的摇钱树，商家绝不会轻易让它退出市场。

智研咨询的报告显示：2014 年中国辣条行业市场规模为 431 亿元，到了 2019 年辣条行业市场规模为 651 亿元，年复合增长率为 8.59%，5 年时间，市场规模增长了 220 亿元。

增长的市场里，父母的奉献几乎可以忽略，孩子才是促进销售增长的主力军，持续不断地为辣条市场的增长添砖加瓦。

我们不会买的辣条，是如何在短短的时间内，快速占领学校零食市场，紧紧地抓住孩子的胃和钱包的呢？而孩子又是如何在辣条的猛烈攻势下，一步步沦陷的呢？

零售价约 5 毛钱的辣条，批发价约为 2 毛钱，利润空间非常大，丰厚的利润让商家更加关注产品的研发。

我们不买辣条，商家也根本就没打算把辣条卖给我们！

洞察人性的辣条生产商家明白，理性、讲究饮食健康的人不是他们的目标客户。辣条生产商家从一开始就把贪婪的目光对准了对辣条毫无抵抗力，却可以支配一点儿零花钱的孩子。为此，商家绞尽脑汁地想着如何从孩子身上下手，掏干净孩子虽然不多，却会源源不断地补充的零花钱。成人的心会变，孩子的嘴却很忠实，只要商家抓住了孩子的嘴，钱自然会源源不断地涌入商家的钱包。孩子的零花钱就是商家源源不断的收入来源，尽管不多，数量众多的孩子却会构成庞大的市场。

“我们生产你想要的”，就是典型的产品思维。用辣条牢牢抓住孩子的嘴和胃，兼顾孩子钱包的大小，如此极致的产品，怎么能不快速成为爆品呢？

人人都是产品经理，父母也不例外。

选对方向和努力同样重要。

父母依据未来的社会人才需要具备的能力来培养孩子，当未来到来时，孩子就会成为不可或缺的人才。一如互联网时代来临时，已经选择IT专业的孩子成为人力资源市场中的稀缺人才，抓住了行业发展的红利。

产品思维决定了创业的发展前景和未来。

培养孩子的产品思维，让他能从市场的角度思考产品设计，父母可以尝试从以下几方面入手。

1. 学会多观察，能够换位思考

产品思维来源于生活！

父母常和孩子讨论生活中出现的新变化。比如，火车票为什么越来越好买？高速公路上的收费站为什么越来越少？大家为什么喜欢在网上买东西？打车为什么越来越方便？缴费为什么越来越方便？

父母可以让孩子想一想，设计什么产品或者服务，能帮助其他人节约时间、金钱、精力。

孩子还需要学会换位思考客户的产品需求。

我们认为别人需要的产品，有时不是真正的产品需求，只有客户认为自己需要的才是有市场的产品。

父母可以让孩子深入观察并思考，尝试把自己想象成客户，思考客户需要哪些方面的服务或者产品，这就是产品思维养成的过程。

2. 多体验

父母可以带孩子去尝试不同类型的产品，感受不同产品之间的差异性，如游戏、手机、饮料、学习用品、游乐场的门票等，让孩子分享选择某种产品的理由，是产品的设计好、价格低、便利性强、实用性强、趣味性强还是其他，如何改进会使产品更有吸引力？

3. 不断试错

没吃过猪肉光看过猪跑的人，永远不能准确地说出猪肉的味道，想要知道猪肉的味道，只有自己去尝。如果孩子在小时候有机会去试错，在试错中寻找解决问题的有效方法，等孩子真正开始创业时，才真正能参与社会竞争。

我们要做的就是控制安全边界，然后鼓励孩子自由试错。

长尾效应：在看不到的地方，藏着巨大的财富

爱读书的人可能有过这样的经历：想买一本市面上少见的书，如果只是穿梭在各个书店间，埋头在数以万计的书中苦苦寻找，那么花费大量的时间后，也可能一无所获。

但是在通过一部手机就能找到万物的当下，寻找心爱的书籍这件事情就变得异常简单，我们打开在线售书平台轻松一搜，瞬间就可以找到自己想要的书。

在搜寻书籍的过程中，我们无意中发现，买的书越小众，折扣越小。

我们想不到的是，小众书籍给在线书商创造了巨大的利润。

世界著名的网上书店 Amazon（亚马逊），有超过一半的销售量来自书店排行榜上位于 13 万名开外的图书。如果以 Amazon 的统计数据为依据来看，没有在一般书店里出售的图书要比摆在书店书架上的图书市场更大。

平时鲜少有人购买的小众书籍，为什么会给商家创造更多的利润呢？

美国《连线》杂志主编克里斯·安德森发现了其中的奥秘，并提出了长尾效应理论：商业和文化的未来不在热门产品，不在传统需求曲线的头部，而在需求曲线中那条无穷长的尾巴上。

长尾效应中让人吃惊的是规模效应，如果把足够多的非热

门产品组合到一起，就可以形成一个堪比热门市场的大市场。

互联网的发展使得诸多小众市场得到了更好的发展，众多小众产品累积起来的规模效应不容忽视，就如风险资本家凯文·莱维斯说的："最小的销售孕育着最大的财富。"

"长尾"能有多长？恐怕没人知道。无数的小数积累在一起就是一个不可估量的大数，无数的小生意集合在一起就是一个不可限量的大市场。

互联网公司充分利用长尾效应可能快速成为巨头。

Google（谷歌）公司早期成长历程就是把广告商和出版商的"长尾"商业化的过程，曾经有一半的生意来自小网站而不是搜索结果中放置的广告。Google把广告门槛降下来，让广告费用不再高不可攀，数以百万计的中小企业形成了一个巨大的长尾广告市场。

中国的拼多多也是满足了大量更加细分的超级长尾市场，将低价的东西和中国数目庞大的用户进行了整合，让更多的人以更低的价格买到东西。最后，这个市场累加起来形成一个比流行市场还大的市场。

人们利用长尾效应创造商业机会的案例还有很多，长尾效应在市场、营销、产品等方面的影响可见一斑。

再宽的路走的人多了，每个人能走的路就相对地变窄了；每个人能走的路再窄，走的人少，路相对就宽了。我们能走的路的宽窄，不是由路本身决定的，而是由行走在路上的人数决定的。

父母要让孩子去发现生活中隐藏的长尾财富，在别人还没有意识到的时候，快速找到它，就会进入财富加速道。

利他思维：拼多多凭什么和淘宝正面对抗?

商家都想拥有忠实的买家，但买家往往容易见异思迁，让买家见异思迁的最大因素是价格。

择性价比是普通家庭买东西的行为准则，电商平台的价格就是最好的价格参照标准。

互联网时代，谁能聚集更多的客户，谁就有更大的定价话语权。

于是，低价格就成为商家争夺市场屡试不爽的利器，抢夺市场的过程中，淘宝用偏低的价格把客户从实体店吸引到了线上，迅速在互联网中立起了山头，称霸电商平台。很快，后起之秀拼多多通过“9.9 元包邮”“帮人砍价”的促销方式，快速在大小电商云集的市场中杀出一条血路，短短数年就在美国上市，市值跻身中国互联网企业十强之列。低价策略就是拼多多的撒手锏，以风驰电掣的速度吸引了广大高价格敏感度人群，在极短的时间内就拥有了和淘宝对抗的能力。

拼多多凭什么能如此迅速地扩张呢？

利他思维是最伟大的商业思维。

著名企业家稻盛和夫在《活法》一书中说："利他本来就是经商的原点。"他表示："求利之心是人开展事业和各种活动的原动力。因此，大家都想赚钱，这种'欲望'无可厚非。但这种欲望不可停留在单纯利己的范围之内，也要考虑别人，要把单纯的私欲提升到追求公益的'大欲'的层次上。这种利他的精神最终仍会惠及自己，扩大自己的利益。"

受欢迎的人都有一个特点，就是拥有利他思维，喜欢帮助他人，经常做慈善，喜欢为别人着想。大方的人，身上都带有明显的利他特征。

那么，父母如何培养孩子的利他思维呢？

1. 学会为客户画像

利他思维最关键的点在于"他"，孩子首先要知道"他"是谁，找对"他"才能有的放矢寻找出对应的"利"。

选定方向和产品后，父母可以问孩子：

"你觉得谁会买？""他多大年龄，是男是女，受教育程度、婚姻情况、生育情况、工作所在的行业和职业是怎样的？""他的消费能力如何？""他愿意花多少钱？"

父母通过提问题，帮助孩子了解客户的概念，等孩子长大后，可以更深入地给客户画像。

2. 换位思考的能力

孩子明确了“他”是谁之后，接下来就要明确给“他”提供什么样的“利”，才能打动“他”。想要做到这一点，孩子要从对方的角度来思考“他”到底要什么。

我们可以让孩子从以下角度来思考问题：“你这样做，对方能获得什么好处？”“如果你提供这些好处，他会买你的东西吗？”“如果你是他，你会为这些好处买单吗？”

3. 成为价值提供者

我们帮助孩子梳理完如何给客户提供“利”之后，接下来的问题就出现了：客户期望获得的“利”，孩子能否提供？

只有回答“能”的人，才具有利他价值。

利他其实是实现价值交换的最佳方式。

孩子提出需求时，父母要问他可以提供什么来获得想要的东西。

“别人需要的价值，你有没有？”“你能够为别人提供哪些有效的帮助？”“你有哪些知识或者资源可以换取别人的东西？”“你可以从哪里获得这些价值？”

孩子还不能为别人提供有效的帮助时，父母要和他讨论如何获得为别人提供价值的能力。

第八章

让孩子有爱：家庭教育投资最大的成功

如果一个孩子不爱家人，再优秀又如何呢?

父母心甘情愿地为孩子付出，唯一期望获得的回报是孩子生活幸福，关爱家人。

有爱的家庭，幸福指数非常高。

爱和事业相互成就，心中有爱的孩子具备强利他精神，不仅会让家庭幸福，也能成就自己的事业。

从人生规划的角度来看，幸福的人生拥有三个维度：事业、情感、自我成就。情感中就包括友情、亲情、爱情，要收获三种情感，孩子心中必须有爱。

教育是家庭最大的投资理财，孩子培养得好，我们就只需要培养孩子，享受亲情的乐趣；培养得不好，我们不仅要培养孩子，还可能需要培养孙子，面临被啃老的风险，晚年的幸福生活也有可能不保。

财务账户收入再高，都无法弥补心理账户收入的缺失。**心理账户收入高的家庭，无论财务账户收入是高还是低，都能感到幸福。父母要让孩子成为有爱的人，就要源源不断地为他的心理账户注入资金。**

越有爱，我们越幸福。

我们拥有高质量的生活，就是从拥有有爱的孩子开始的。

刘秀祥是生活在贵州大山里的孩子。他4岁前，他们一家5口过着虽不富裕却幸福的生活；他4岁时，父亲不幸病故，母亲接受不了现实，精神失常，得了间歇性精神病，不仅丧失了劳动能力，连生活都难以自理。

哥哥姐姐为了生计，在刘秀祥10岁那年外出打工，再也没回来，之后也没有任何音信，生活的重担就落在了他的肩上。

在艰苦的环境下，他一边努力上学一边照顾母亲，因为高考前夕大病一场，原本成绩优异的他高考落榜了。常人难以接受的磨难，接二连三地落到19岁的刘秀祥身上，但当他想到一直陪伴自己的母亲时，内心又充满了勇气。他说："即使什么都没有了，我还有母亲在。"

第二年，他终于考上了大学，带着母亲从贵州的大山里来到了山东临沂读书，通过学校提供的勤工俭学的机会完成了学业。

毕业那年，他没有在城市里找工作，选择回到家乡当一名高中教师，期望更多像他一样的孩子能够走出大山。

2018 年高考，他教的班里有 47 名学生考上了大学。

刘秀祥因为心中有爱，身处贫困家庭，却依然能够过着幸福的生活；因为有他，那些同样在大山里的孩子才有机会走出大山。

无论孩子未来事业发展得如何，还有什么比一家人彼此帮扶更好的呢？

泼天的富贵，都抵不上孩子一句“爸爸妈妈，你们好吗？”的暖心问候，孩子心中有爱，眼中才会有家！

有爱的孩子，才是家庭教育最成功的投资理财。

爱的能力：日常生活，让孩子变得越来越有爱

爱是一种能力，能力是可以培养的。

让孩子学会爱，是父母投入费用最小、获得回报最大的投资理财项目。

小左小时候不小心打碎了玻璃杯，惴惴不安地把地板打扫干净后，准备将玻璃碎片扔到垃圾桶里。妈妈走了过来，微笑着告诉他不用担心，同时让小左仔细地把玻璃碴用报纸包好，并且在纸上写上“请注意有碎玻璃，给你添麻烦了”后，放入垃圾桶里。

她告诉小左，如果不包好碎玻璃，保洁人员就有可能被扎到手，因为自己的过失给别人带去麻烦，是最不应该的。

有一天晚上，小左和妈妈散步回家，看到路上有行人被车撞倒，周围没有一个人上前帮忙。善良的小左告诉妈妈自己想去帮助被撞的人，但又担心因为帮助别人被讹诈，有点儿举棋不定。

妈妈表扬了他，建议他先打电话报警，然后拍一个保护自己的视频，最后他们再去帮助被撞的人。

小左长大后出去旅游时，总会想到给家里人买点儿东西，和父母的关系好得就像知心朋友一样，和朋友在一起总是会为他们想得更多，被人称为“暖男”。

“积善之家，必有余庆。”在烟火气十足的生活中孕育出来的爱，随着孩子慢慢长大，会化成成年后对他人的关怀，再回馈家庭，滋养家庭成员，让家庭幸福，充满温暖。

以下藏在日常生活中的小善举，会成就孩子心里的大爱，让孩子不仅爱自己、爱家人、爱他人，也会爱国家和民族。

1. 帮助自己

尽量不给别人添麻烦是最小的爱，争取做到自己力所能及的事情。

（1）做力所能及的事情

父母要让孩子自己吃饭、穿衣、打扫卫生、管好自己的事情等。

（2）拥有健康的身体

父母要告诉孩子，身心健康地活着是对爱自己的人负责。孩子锻炼身体，不是为了中考的体育得分，也不是为了高考的加分项，而是为了能够长久、幸福地陪伴家人，这才是对家人最大的爱。

（3）不伤害别人

孩子小的时候，经常会和同学打闹，这是天性使然，孩子之间难免会产生矛盾和冲突。我们教育孩子能够做到不出口伤人、不出手打人、不刻意去孤立其他的孩子，就是培养孩子对待他人最基本的爱。

（4）不影响他人

父母要告诉孩子注意在公众场合的个人行为，个人行为准则以不影响别人为基础。比如，看电影时说话要小声、在别人睡觉时动作要轻、在寝室里不乱扔脏衣服、在图书馆里要保持安静、看完图书馆的书要放回原处、乘坐交通工具时不吃有味道的东西、不乱丢垃圾、坐车主动排队等。

2. 帮助他人

（1）帮助家人做事情

父母要充分利用家庭场景让孩子树立帮助他人的意识。比如，家人生病的时候，让孩子端茶倒水；让孩子学做饭，做力所能及的家务等。

（2）帮助他人做事情

父母要利用外部环境培养孩子帮助他人的意识。比如，帮助老师做事情，看到同学没有带文具时给予帮助，运动会时为比赛的同学加油鼓劲，和同学外出玩的时候多带一份吃的等。

3. 回馈社会

世界上有很多需要帮助的人，父母可以带孩子去参加适合孩子的慈善活动，如去养老院看望老人、保护小动物、捐赠书或衣物、义卖、为特殊人群捐款等。

父母对家人的爱、对生活的爱、对世界的向往，通过点滴小事传给孩子，让孩子从身边的小小善举开始去感受爱。爱不仅会让孩子自己感到温暖，也会让世界变得温暖起来。有爱的孩子，最终也会被世界善待。

学会感恩：带着孩子做慈善

懂得感恩的人，运气会很好！

英国著名作家萨克雷说："生活就如同一面镜子，当你笑的时候，它也冲你笑，当你哭的时候，它也会哭。"懂得感恩的人，别人同样会以感恩之心善待他，运气自然也就不会太差。

感恩是人们心理账户里源源不断地涌入的收入来源，让人内心变得富足，知足才能遏制许多不合理的消费，为生活留有余地。

一边是过着富足的生活，却对父母充满怨气的孩子，另一边是生活困苦，却仍然对父母心怀感恩的孩子；一边是望眼欲穿，苦苦等待孩子一句简单的问候的孤独的父母，另一边是被孩子时时关怀、常常看望的幸福的父母。

无论贫穷与富贵，不管健康与疾病，能被孩子时不时地问候和看望，是天下父母晚年最幸福的事情。

感恩不是说出来的，而是发自内心的行为，对孩子来说，做慈善是培养感恩之心的体验方式。

参加公益活动会让孩子理解他人的处境，感受帮助别人后的温暖，对培养孩子的善良品格很有帮助。

帮助别人时，孩子能从自我思维中跳出来，用不同的角度去看待不同世界的人，对拥有的东西充满感激之情，也能在帮

助别人后看到自己存在的价值。

孩子参加公益活动会占用学习和休息时间，甚至要捐钱捐物、付出体力，收获却是难以用金钱来衡量的。他们可以从活动中积累经验、认识社会，跟不同年龄和层次的人交往，获得社会和别人的认同。

有一天，李巍带儿子去朋友家做客。儿子和朋友的孩子一起出去玩，回来时，朋友的孩子的爷爷一边习惯性地把孙子的自行车扛上楼，一边跟李巍的儿子说："等一下我下来帮你。"李巍的儿子说："不用，您年纪大了应该是我给您扛。"等朋友的孩子的爷爷下来时，李巍的儿子已经扛着自行车走了上来。李巍母子要走的前两天，不巧朋友生病了，李巍的儿子就带着朋友的孩子一起去端水、递药，让朋友非常感动。

李巍的儿子去老师家学习。老师家里只有一台风扇，天气很热，风扇来回转动，趁老师不注意，李巍的儿子把风扇固定在了老师背后。老师诧异万分地说："教了这么多学生，从来没有一个学生能注意到这个细节。"

每当别人问李巍，为什么她的儿子会如此贴心时，她总是会谈起那些年带孩子做的公益活动。

儿子小的时候，她就带着他去边远地区做义工扶贫；四川地震后，春节时全家带上慰问物资、红包去灾区慰问灾民，跟灾民一同过除夕夜。连续三年，孩子都拿出自己的零花钱去慰问灾民。

她期望通过公益活动让孩子拥有大爱。她认为，孩子有大爱视野才会更宽。

李巍说："用你的优秀去成全孩子的优秀，用爱的种子去成全你的家庭。"

在一次次爱的触动中，感恩意识就像藤蔓一样在孩子心底生根发芽。

结束语

积累财富只是实现梦想的过程，拥有幸福才是生活的目的！

每个时代都是最好的，每代人回顾过去，都会发现自己曾经面临许多选择的机会，但让人脱颖而出的往往是眼光、见识和能力。

起点不同的人都有一个共同的梦想，就是成为人生的“优等生”，过上幸福的生活。

成为“优等生”的路有很多，财商培养是其中重要的一条。

在物质优渥的社会里，如果孩子始终能够保持理性的心态，学会理性地对待金钱，用财商牢牢守住幸福生活的底线，就有机会追逐更多的梦想。

让财商成为追求梦想、享受生活的工具，才是孩子学习财商的意义。

幸福是一种能力，财商让孩子获得“幸福力”，去追逐自己向往的生活。

后　记

培养财商，让孩子成为人生的“优等生”

2020 年 8 月，盛夏，成都。

南门一家咖啡馆内，满屋弥漫着醇厚的咖啡香。

角落里，两位女性正在促膝长谈。

一位是新希望集团的联合创始人李巍。

她和先生刘永好共同创业，参与并见证了希望集团和新希望集团的成立和发展。

她为了女儿的教育，回家做了八年的全职妈妈，在此期间她拜访了世界多个成功家族，学习到了先进的教育理念。

她非常注重孩子的财商培养，通过言传身教的方式传给孩子财富的密码，帮助他们在各自的领域成为优等生。

她用李巍教育基金去支持教育，并亲自到教学第一线授课、培训教师、走访学校。

她主导创立的爱心树生命教育公益组织已经度过了12岁生日，“用爱心点燃爱心，用生命影响生命”。

她总结了一系列家庭教育课程，在各种场合和专栏分享，影响了很多人，拥有众多的年轻妈妈粉丝！

她的抖音号：李巍Lisa，旨在传播幸福家庭教育理念，让更多人活出智慧人生。

另一位是陈筱芝。她一直致力于推广“青少年生涯及家庭教育规划”，热爱研究不同家庭背景的父母对孩子的财商培养的方式。

这两位女性，也就是写这本书的我们。

喝咖啡的缘分，源于我们一直在深入探讨“家庭要传承给孩子什么”这个话题。

我们是在参加“科技与教育”的TEDx[①]的主题演讲活动时相遇的。演讲的目的是探讨在充满不确定因素的社会中，父母如何去培养符合未来社会需求的孩子。

大家拼命让孩子上好的小学、好的中学、好的大学，

① TEDx，是非官方的、自发性的项目活动，其形式是邀请一些想法奇特、有思维深度的人来做18分钟以内的演讲。

找一份好的工作，获得更高的收入，最终是为了让孩子过上更好的生活。

公司愿意支付给员工高工资，不是看他的学历有多高，而是看他能够创造的价值有多大。

高收入，不是只有通过高学历才能获得，还有很多路径也可以帮助你实现。

财商教育，不仅仅是让孩子做好财务规划，更重要的是能够帮助孩子实现自我梦想。

财商，应该是每个人的发展所具备的基本能力，更是让自己和家人过上幸福生活的保障。

…………

在父母所关心的一个个问题中，充满了父母对孩子人生的思考和规划。

父母都期望孩子成为“优等生”，但在如何使孩子成为“优等生”的命题上，“解题过程和方法”千差万别。

“懂方法”的父母，会尝试用不同的方法去解题，然后用最优的方法去答题。

财商是实现人生目标的重要条件，能够帮助孩子实现他们的梦想。

以上共同认知，引发了我们对孩子能否通过财商教育过上幸福生活的思考。

毋庸置疑，教育是实现孩子梦想的重要途径之一，是把他们拥有的知识、能力变成对等的货币价值的途径之一。可以说，孩子的学习能力越强，变现能力就越强，他们对抗未来不确定因素的能力也就越强。

以往数十年的社会变迁充分证明了教育变现能力的强大效应，学习优秀的人往往能为家庭带来直接、可见、可持续的回报。

能站在教育金字塔尖上的人毕竟是少数，如果以考上“双一流”大学作为“优等生”的衡量标准，那么可能有95%的孩子会被划入“普通孩子”的范畴。这个数据引发我们对以下问题进行思考：

社会圈层真的在固化吗？

普通家庭的孩子如何成为人生的“优等生”？

我们日常做什么，才能够帮助孩子走上“优等生”之路？

财商究竟能帮助孩子什么？父母的愿望是让孩子拥有持续且长久的把知识变现的能力，具备应对社会变化的能力，降低低层次竞争带来的焦虑感！

财商教育的本质就是培养孩子把自身所拥有的资源进行变现。

一个人资源变现能力的强弱，以及这种能力的持续时间，直接影响他未来的生活。

因此，让孩子具备持久的资源变现能力，是孩子成为人生的“优等生”的关键所在。

因果关系在教育中体现得最为明显。我们期望孩子未来获得怎样的生活，现在就要告诉他们获得的方法。

我们的认知通过差异化的教育传导给孩子，于是孩子之间也形成三观、认知、能力上的差别：有的父母能够让孩子向上突破原生家庭的局限，有的却只能让孩子保持现状，甚至有的父母会使孩子出现层次下降的情况。

我们怎么做才能让“普通孩子”突破原生家庭的局限呢？

几年来，我们一直在观察不同社会背景的家庭，看看这些父母是如何对孩子进行财商培养的。

随着我们收集的案例越来越多，不同家庭之间的共性因素也凸显出来。孩子财商产生变化的家庭往往直接或间接地给孩子创造财商培养环境，如父母间无意的关于财富的交流、妈妈做的账本、父母带着孩子买菜时讨价还价的行为等，这些日常生活里的场景和事物能潜移默化地培养孩子的财商。

有的家庭是有针对性地对孩子进行财商培养，有的是无意之中让孩子处于商业气息浓厚的环境中……最终，孩子在日常生活中逐步了解什么是财商，财商对他们日后的生活有什么作用，怎样掌握财商技巧等。

待他们长大后，日积月累的财商知识就会慢慢汇成财富智慧，深远地影响他们，让他们逐步走上“优等生”之路。

成为人生的"优等生"的三个能力

焦虑，大多数是我们在面对不确定性因素时所产生的不安全情绪。富足的精神和物质财富会帮助我们有效降低焦虑程度。

人生就像一条河流。对一条河流来说，最大的隐患是断流。河流中能否始终有充足的水，取决于以下三个方面。

1. 上游持续供水的能力

上游的供水能力就如同人的变现能力。

上游供水是河流的生命之源。供水支流越多、流量越大，总体的持续供水能力就越强，河流生命力就越旺盛。

如此一来，即使遇到大旱，哪怕部分支流已经断流，河流也会有其他水源补给，也就是说，如果孩子的变现能力强，就会实现多条"供水支流"给自己的人生注入"河水"的目标。

2. 筑牢河堤的能力

河堤就如同我们的财务管理能力，河堤越坚固，财富就越自由。

天气就如同我们所面对的经济市场环境，暴雨如同人生骤然而至的风险，湍急的河水声势浩大地冲击河堤，唯有牢固的堤坝才能经受住这种冲击。

假设人的平均寿命是 80 岁，唯有坚实的河堤能帮助我们顺利度过人生的繁荣期、衰退期、萧条期、复苏期。或许人这一生不会大富大贵，但至少会稳稳地守住细水长流的日子，平安顺遂地过完一生。

3. 下游放水的控制能力

一条河，即便拥有再充沛的上游水量，也经受不住下游无限制地放水。

我们必须让下游放水量小于上游供水量，才能保证河流始终有水，才不会陷入枯竭的境地。

要想孩子的人生河流始终保持充沛的水量，我们必须协助他们提升上游的供水能力，修好固水堤坝，控制下游放水量。当水流量越来越大时，小河才会成为大河，孩子才能真正成长，才能在未来有所成就。

财商，就是让孩子掌握“加大上游流量、控制下游消耗水量、做好准备面对风险”的能力。

有的人通过学习文化知识成为“优等生”，有的人则通过学习变现能力成为“优等生”。

财商是一种能力，是可以通过后天培养的。

财商会帮孩子保住生活下限，也能帮孩子突破人生上限。

好生活不只属于“学而优”的孩子，普通孩子同样拥有追求美好生活的权利。

——《优等生》财商操作手册——

本书涉及的财商小知识：

1. 财商能帮助孩子什么

财商能让孩子拥有持久的变现能力，具备应对社会变化的能力，降低因教育内卷（同行间竞相付出更多努力以争夺有限资源，导致个体“收益努力比”下降的现象）带来的焦虑感。

财商教育的核心是培养孩子把拥有的资源变现的能力，无论时代如何更迭，金钱都不会过时。变现能力的强弱程度和持续性，直接影响孩子未来的生活！

因此，具备持久的变现能力是孩子成为人生的“优等生”的关键。

2. 财富自由公式

收入－支出＝结余。结余为正且越来越多，财富自由度就越来越高。

3. 财务钱包

财务钱包指实际的钱包，是真实的收入和支出。

4. 心理钱包

心理钱包指人们内心对生活的满意度。

心理钱包的财富自由公式如下：

心理账户收入（财富价值观）－心理账户支出（消费行为）＝结余（生活满意度）。

心理账户收入体现财富价值观。我们为孩子树立正确的财富价值观，就是往孩子的心理账户里存钱，存入的越多，孩子内心越富足。

心理账户支出反映追求更高的生活品质的消费欲望。我们控制消费欲望的能力越强，支出就越合理。

5. 收入构成

收入＝主动收入（工作收入）＋被动收入（理财收入＋投资理财收入＋兼职收入＋产业收入）。

主动收入简单来说是临时性收入，就是我们付出劳动而获得的工资，必须用智力、体力、时间、精力去换取，就是我们俗话说的“手停口停”。有工作才有收入，辞职或被解雇、因为生病而无法工作时，就失去了主动收入。

6. 劳动性收入

劳动性收入指人们通过劳动而获得的收入，包括工资收入和斜杠收入。

工资收入：为组织工作而获得的收入。

斜杠收入：兼职收入。

7. 非劳动性收入

非劳动性收入指人们不需要劳动或者付出极少的劳动，就能获得的收入，包括存款利息、理财收入、版权使用费、房租、继承财产、股东分红、创业收益等。

存款利息：把钱存入银行可以获得的利息收入。

理财收入：通过购买股票、基金、债券等形式获得的收入。

版权使用费：通过文字、音乐、影视等作品的知识产权交易获得的收入。

房租：出租房屋获得的收入。

继承财产：获得他人赠予的现金、信托财产等方面的财富。

股东分红：投资理财公司获得的分红收入。

创业收益：创办企业获得的经营性收入。

8. 富养

家长富养孩子分为精神上的富养和物质上的富养。精神上的富养是要让孩子建立自信的心态、清晰的消费价值评估体系，从而理性识别消费需求，具有抵御诱惑的意志力等。物质上的富养是指家长不断满足孩子提出的可能超出家庭承受能力的物质需求。

家长富养孩子更多是指精神上的富养，是帮助孩子增加心理钱包收入。

9. 稳定

稳定是一种状态，是能力赋予人的自信心。

10. 恩格尔系数

家庭收入越少，用来购买食物的支出在消费总支出中所占的比例就越大；随着家庭收入的增加，用来购买食物的支出在消费总支出中所占的比例则会下降。国家和地区的人民生活水平提高，该比例呈下降趋势，这就是恩格尔定律。恩格尔系数是根据恩格尔定律得出的，可用来衡量家庭或国家和地区的富裕程度。

11. 凡勃伦效应

凡勃伦效应由美国经济学家凡勃伦在其著作《有闲阶级论》中提出："消费者购买某些商品并不仅仅是为了获得直接的物质满足和享受，更大程度上是为了获得心理上的满足。"

12. 狄德罗效应

狄德罗效应指人们在拥有了一件新的物品后，总倾向于不断配置与其相适应的物品，以达到心理上的平衡。

13. 饥饿营销

饥饿营销，主要运用于商品或服务的商业推广中，是指商品或服务提供者有意调低产量，以期达到调控供求关系、制造供不应求的"假象"以维护产品或服务的形象并维持商品或服务的较高售价和利润率的营销策略。

14. 沉没成本

沉没成本，是指以往发生的，但与当前决策无关的费用。

15. 边际成本

边际成本指的是每一单位新增生产的产品（或者购买的产品）带来的总成本的增量。 这个概念表明每一单位的产品的成本与总产品量有关。比如，仅生产一辆汽车的成本是极其巨大的，而生产第 101 辆汽车的成本就低得多，生产第 10 000 辆汽车的成本就更低了（这是因为规模经济带来的效益）。

16. 项目管理

项目管理指在项目活动中运用专门的知识、技能、工具和方法，使项目能够在有限的资源条件下，达到或超过设定的需求和期望的过程。

17. "杀猪盘"骗局

杀猪盘，网络流行词，指诈骗分子利用网络交友平台，诱导受害人投资赌博的一种电信诈骗方式 。"杀猪盘"是"从业者们"（诈骗团伙）自己起的名字，是指放长线"养猪"诈骗，养得越久，诈骗得越狠。

18. 复利

复利是指在计算利息时，某一计息周期的利息是由本金加上先前周期所积累的利息总额来计算的计息方式，即通常人们所说的"利说利""利滚利"。

财商培养实操方法

常见的家庭财商培养方法，主要包括以下几个方面：

（1）让孩子做家务。

（2）让孩子自主消费，如买书、买玩具、买零食、买学习用品、外出吃饭时结账、乘坐交通工具和去游乐园时自主购票等。

（3）让孩子举办生日聚会。

（4）让孩子当“小管家”。

（5）让孩子制订旅游计划并做好预算。

（6）让孩子参加摆摊活动等社会实践或职业体验。

（7）让孩子协助家长做部分工作。

（8）带孩子参加各种商务活动。

财商意识的培养

培养方案1：让孩子理解财商的概念

适用人群：全体家长

培养方法：

1. 建立清晰的家庭财富价值观

首先，请家长认真地思考，期望孩子成为哪一阶层的人。

其次，家长要思考家庭现有的财富观念和相应的行动是什么。

请家长认真地写下以上两个问题的答案，如果暂时没有想清楚也没有关系，可以和家人讨论，直到答案渐渐清晰。

只有家长明确了目标，孩子的财商培养活动才能围绕目标有条不紊地展开。

表1能帮助家长有效地梳理孩子的财商培养目标。

表1 财商培养目标梳理

自我梳理	自我回答
我是否期望孩子成为富有的人	
我的孩子将来要成为雇员，还是要自己创业	
我的孩子是否可以成为人生的“优等生”	
我是否具备一定的财商知识	
我的收入构成是什么	
我的消费观念是什么	
我平常是否有意识地对孩子进行财商培养	

思考是行动的前提，我们努力，是为了寻找和孩子对未来的期望相匹配

的培养途径。

2. 针对财商培养方案，和家人达成一致

我们不能让培养孩子成为家庭中某一个成员的“战斗”。

我们应和其他家庭成员沟通我们的财商培养思路和接下来的行动方案，争取获得其他家庭成员的认同。

3. 思考现在对孩子的培养方式，是在富养孩子还是在穷养孩子

我们需要思考：

家人的消费观念是怎样的?

我们有没有和孩子沟通过赚钱的方式?

我们有没有跟孩子说过买东西的技巧?

我们有没有无条件地满足孩子提出的要求?

孩子是否会提出超过家庭消费水平的要求?

…………

梳理完以上问题后，我们就能知道现在我们是在帮助孩子增加心理钱包的收入还是支出。

接下来，我们思考如何富养孩子，并且罗列出日常生活中可以富养孩子的方案，然后开始行动，见表 2。

表 2 孩子的财商培养方案表

孩子的财商培养方案	对应的行动	日常频次（月、周、日）

培养方案 2：让孩子理解工资和能力的差异

适用人群：6 岁及 6 岁以上的孩子的家长

培养方法：

1. 和孩子谈工资

孩子 6 岁左右的时候，我们可以逐步和孩子谈谈有关家庭收入的问题。

“猜工资”的游戏可以帮助孩子建立行业和薪酬之间的联想。我们带着孩子出去玩时，留意各种招聘信息或者工作岗位，走过眼镜店就让孩子猜眼镜店销售员的工资，走过餐饮店时就让孩子猜服务员的收入，经过写字楼时就让孩子猜办公人员的工资，等等。

根据孩子的理解能力，我们可以用他理解的物品来谈工资的具体概念。

对于 6 岁左右的孩子，我们可以用他理解的零食作为计量单位。比如，3 000 元的工资可以买多少份冰激凌？他可以用这些钱去游乐场玩几次？等等。

对于 6 岁左右的孩子，我们可以以服装、体育用品等来换算工资，让孩子把工资和能理解的事物联系起来，为我们下一步的财商培养奠定坚实的基础。

2. 和孩子探讨关于工资和工作能力的问题

为什么不同工作的工资不同？

造成工作差异的原因是什么？

不同工作需要什么样的工作能力？

3. 和孩子共同完成工资收入信息搜集表（见表 3）

表 3 工资收入信息搜集表

岗位名称	公司名称	公司规模	岗位要求	工资收入	备注

培养方案 3：让孩子理解收入和支出的概念

适用人群：6 岁以上孩子的家长

培养方法：

当孩子逐步了解不同行业之间的工资差别后，我们让孩子以家庭消费情况为例，计算出多少收入才能维持家庭现在的生活水平。

把所有消费的项目都进行统计（如表 4），将餐饮、交通、旅游、学习、住房等方面的花费都折算成具体金额，如果孩子不知道具体金额，我们就带着孩子去了解。

表 4 生活消费表

每月家庭总收入（元）：

消费项目	消费金额（元）

每月结余：收入 – 支出 = ________（元）

在孩子算出具体的消费金额后，我们让孩子对应表 3 中搜集到的信息，看看从事什么样的工作可以养活自己，进一步让孩子理解消费水平、工资收入、工作能力要求的基本概念。

培养方案 4：让孩子理解钱和梦想之间的关系

适用人群：6 岁以上孩子的家长

培养方法：

家长根据孩子的理解能力来进行相应的提问。

1. 了解孩子对金钱的理解程度

我们对孩子进行财商培养的第一步，就是对孩子做初步的财商评估。

从赚钱方式上评估：

“我们家里的钱从哪里来？”

“爸爸妈妈通过哪些方式赚钱？”

“哪种赚钱方式最辛苦？”

“哪种方式赚钱最快？”

“你长大以后想做什么工作？从事这个工作一个月能赚多少钱？”

“IT 程序员一个月的工资是多少？”

…………

从消费方式上评估：

“如果给小朋友买东西，可以去哪里买？”

“到哪里买东西便宜？”

“贵的东西就一定好吗？”

“买 10 元 135 克的牙膏划算，还是买 12 元 160 克的牙膏划算？”

“你一个月花多少钱？”

“我们家有哪些需要花钱的地方？”

…………

从投资理财方面评估：

“你的压岁钱准备怎么用？”

“怎么做才能让 100 元钱变得更多？”

“将钱存入银行划算还是定投指数基金划算？”

“一个苹果，如何能够卖出更高的价格？”

…………

通过对以上三个方面进行评估，我们可以初步了解孩子在赚钱、花钱、理财三个方面的能力，知道孩子对财商的掌握状况，有的放矢，帮助孩子做好下一步的财商培养计划。

2. 让孩子从实现梦想的过程中找到成就感

我们可以和孩子一起完成梦想通关游戏，帮助孩子把大梦想拆分成多个小梦想，让孩子通过实现一个个小梦想来实现大梦想。这是一种能有效促进孩子完成目标的激励方法。

当孩子实现一个小梦想后，我们要及时恰当地鼓励孩子，让孩子体会成功的喜悦，增强实现下一个梦想的信心和决心。

比如，孩子计划一个月花 120 元，每周花 30 元，如果孩子每周还能剩下一些钱，我们就应该及时表扬孩子节俭的行为。

我们要大声地告诉孩子他做得很好，让孩子从看得到的进步中变得越来越有成就感。

当孩子实现小梦想后，除了鼓励孩子，我们还要和孩子一起进行复盘，思考以下问题：

小梦想是怎样实现的？

实现小梦想的过程中哪些方法很有效，哪些方法需要改进？

面对困难，孩子采取了哪些有效措施？

…………

只有这样，我们才能让孩子不断取得螺旋式上升的进步，为实现大梦想奠定扎实的基础。

培养方案 5：让孩子理解必要和想要的区别

适用人群：3 岁以上孩子的家长

培养方法：

（1）家长准备足够多的彩色便利贴，和孩子分别选择一种颜色。

（2）家长和孩子各自把能想到的各种费用写在便利贴上，一张便利贴上写一种费用，并标注用途和金额。

（3）家长和孩子把写好费用的便利贴贴到表 5 里。

表 5 必要项和想要项识别表

必要项	想要项
学费、通信费、医疗费、水电气费、网络费、物业费……	看电影的费用、生日聚会的费用、买新衣服的费用、旅游的费用、买零食的费用、吃西餐的费用、买新手机的费用、打车的费用、去游乐园玩的费用……

注：表中内容为举例。

（4）家长和孩子各自分完类后，互相看对方是如何分类的，分别阐述这样分类的理由。

（5）家长接下来告诉孩子，因为现在家庭收入减少，我们需要一起渡过难关，请他减少不必要的花费，并把对应的便利贴从识别表中取下来。

（6）重复步骤（5），让孩子逐步取下便利贴，并阐述取下每个便利贴的理由。

（7）家长等到孩子觉得实在没有什么可以减少的项目后，告诉他剩下的便利贴显示的项目就是必要项。

培养方案 6：让孩子学会存钱

适用人群：5 岁以上孩子的家长

培养方法：六罐基金法

（1）家长和孩子一起准备 6 个盒子（或者信封），在盒子（或者信封）上分别写上“生活”“梦想”“学习”“投资理财”“休闲娱乐”“慈善 / 爱心”等字样。

（2）家长每月给孩子零花钱的时候，和孩子沟通如何进行零花钱的分配，把相应金额的零花钱放入对应的盒子（或者信封）中。

（3）家长告诉孩子专款专用。

（4）家长每月月底和孩子复盘各类费用的使用情况，沟通次月是否要调整零花钱的分配方案。

培养方案 7：让孩子为梦想而行动

适用人群：7 岁以上孩子的家长

培养方法：

1. 和孩子探讨什么是向往的生活

我们可以通过“讨论”“看见”和“体验”三种方式，让孩子逐步明白自己未来想要的生活状态。

“讨论”就是我们和孩子在日常生活中经常有意识地讨论从事各种工作

的状态和风险。如果孩子有喜欢的工作，我们就应带着孩子去拜访从事相关职业的朋友，让朋友和孩子沟通。

“看见”就是我们带孩子去看各种职业的工作场景。

“体验”就是我们让孩子去参加职业体验，让孩子看到某种职业轻松和辛苦的两面，要避免被美化过的体验过程给孩子错误的引导。

2. 和孩子讨论

我们要和孩子讨论以下问题：

“你期望未来过什么样的生活，具体描述一下？”

“为了过上这样的生活，你需要做什么准备？”

“如果你想从事这样的工作，现在要做什么？”

“为什么有的公司要求员工拥有那么高的学历？”

“为什么有的人学历不是特别高仍然有高收入？”

“我们怎么才能获得这些工作能力？”

3. 和孩子探讨过上梦想中的生活需要付出的成本

我们和孩子一起探讨过上梦想中的生活需要付出的成本和需要具备的条件。

我们可以和孩子从“态度”“能力”“知识”“财务”四个方面来讨论如何去实现梦想，见表6。

表6 实现梦想所需要的准备

对梦想生活的描述	所需要的准备			
	态度	能力	知识	财务

消费行为的培养

培养方案 8：利用孩子提需求的机会进行财商培养

适用人群：3 岁以上孩子的家长

培养方法：

孩子提出需求时，就是我们培养孩子财商的最佳时机。

了解需求及原因的有效工具："5W2H"。

"5W2H"能帮助孩子从 7 个方面来思考问题，并提出解决方案。

当孩子说："我想买玩具"的时候，我们就可以运用"5W2H"了。

What（什么）：其目的是什么？

Why（为什么）：为什么要这么做？有没有替代方案？

Who（谁）：谁来做？

When（什么时间）：什么时间做？什么时机最合适？

Where（哪里）：在哪里做？

How（怎样）：孩子想怎么做？具体怎么做？有没有更好的方法？

How much（多少钱）：要花多少钱？多少钱可以做到什么程度？有什么好处？（这个问题可以随着孩子的年龄增长逐步深入。）

特别提示：孩子提出需求时，我们只要做到两个"别"——别武断地拒绝、别直接给孩子答案，孩子就会开始思考。

培养方案 9：让孩子学会计划管理

适用人群：7 岁以上孩子的家长

培养方法：现金记账法

首先，我们和孩子一起列出必要消费项目和想要消费项目的清单，如购买学习用品、与朋友聚会、外出就餐、购买书籍等。

其次，我们和孩子沟通消费的金额和技巧，告诉孩子如何买到性价比高的物品、消费的基本规则等。

最后，我们让孩子记录下他每次的消费情况（如表 7），可以专门准备一个本子，也可以用办公软件。

表 7 财务现金账记录表

上月剩余金额（元）：

日期	分类	收入（元）	支出（元）	余额（元）	备注

需要特别注意的是，我们应提前和孩子沟通好金钱的使用规则和监督机制。

（1）使用规则：孩子第一次使用金钱的时候，我们要告诉他用钱的规则。

（2）奖励规则：比如，我们和孩子设定奖励措施，约定如果当月的计划金额有结余，孩子可以获得怎样的奖励。

（3）敬畏规则：孩子在按规则花钱时，我们切记不可以批评孩子。只有孩子没有按双方约定的规则花钱时，我们才可以依规则处理。

（4）监督机制：我们设定账务的检查周期，如每周或每半个月检查一次。当孩子养成了良好的计划消费的习惯后，我们就可以适当延长检查周期。

培养方案10：让孩子学会控制消费欲望

适用人群：3岁以上孩子的家长

培养方法：

1. 延迟满足孩子的需求

当孩子提出买玩具、零食等方面的需求时，我们可以和孩子一起了解东西的价格，进行多次比价以后再确定是否购买，比价可以降低孩子的购买冲动。

2. 培养孩子在买东西前做购物清单的意识

我们带孩子买东西前，先和孩子商量要买什么，列一个购物清单。

然后，我们和孩子约定购物规则，如不买清单外的物品，将确实需要却不在此次购物清单中的物品列入下次的购物清单中。

切记，我们不要临时改变和孩子约定好的规则。

3. 财务授权——培养孩子独立管理金钱的能力

我们让孩子从管理小钱开始，逐步学会管理更大金额的财富。

孩子需要买东西时，我们可以先和他定好预算的金额，并约定他不可以购买超过预算金额的物品。

我们还可以和孩子定好他每个月可以购买的物品的数量，并约定他不可以购买超过预计数量的物品。

财务授权的技巧如下：

首先，从采购金额小的简单的任务开始，如购买零食、小玩具、学习用品、家里的小物品等任务，我们可以交给孩子。

其次，我们安排任务时，要明确地告诉孩子钱的使用规则，如物品超过多少金额要向父母提出购买申请，让孩子树立金钱使用的权限意识。久而久之，他的心中会自动建立起一道预警线，当面对大金额消费的时候，他也能理智地应对。

最后，我们应建立授权监督机制，让孩子充分理解责、权、利的意义。

比如，我们检查孩子每月的现金账，看看孩子是否在遵守钱的使用规则。

如果孩子严格遵守规则，我们要给予鼓励；如果没有遵守规则，我们要根据规则，取消孩子相应的权利。有效的财务授权，将帮助孩子在财务管理过程中，建立消费规则意识，避免冲动消费。

培养方案 11：让孩子学会货比三家

适用人群：3 岁以上孩子的家长

培养方法：

我们可以让孩子负责部分家庭物品的采购工作，或者购买他自己需要的物品。对于年龄较小的孩子，我们要先做给孩子看。

1. 告诉孩子购买的原因

比如，我们带着孩子去超市买食物，一边买一边告诉孩子：为什么选这个品牌的牛奶而不是另外一个品牌的；为什么会选择贵的苹果而放弃价格便宜的。

2. 鼓励孩子来做选择

我们给孩子一部分钱，在约定好的购买规则内，由孩子自己来购物。

我们要让孩子说说买东西的理由和原则是什么，并和孩子讨论还有没有更好的选择。

3. 告诉孩子生活中常用的比价方式和购物渠道

我们带着孩子尝试通过不同的渠道购买物品，对比价格，找出最优的方案，让孩子看到货比三家带来的好处。

4. 告诉孩子购物小技巧

在日常生活中，我们可以和孩子交流购物的小技巧：菜市场不同位置的摊位，菜的价格是不一样的；早上买菜和晚上买菜的价格有差别；有时，同一个物品，买一个和买多个，单价有差别；有些物品，节假日和平时的优惠力度不同；反季节买衣服可能会便宜一些；都是牛奶，在货架最上面的和在货架最下面的价格可能有差别……

培养方案 12：用旅游培养孩子财商项目管理能力

适用人群：8 岁以上孩子的家长

培养方法：旅游项目实战

旅游是对孩子的成长有重要作用的一种实践锻炼。我们要让孩子参与到家庭旅游项目中来。

1. 任务分配

我们把旅游中的工作进行分类，并安排好具体工作内容。

我们应让家庭成员一起认领各项工作，如财务管理、日常事务的管理、行程安排等。

表 8 能够帮助我们轻松地和孩子沟通旅游项目管理的工作内容。

表 8 旅游项目管理方案

项目	思考问题	请罗列	预计孩子可做什么
旅游方案	我期望孩子通过本次旅游收获什么？	1. 风土人情 2. 历史文化 3. 经济发展 4. 城市规划 5. 市场考察或调研 6. 大学风貌 7. 学科知识 8. 职业引导 9. 生存知识 …………	
	去哪里？	根据期望达成的目的，罗列出具体地点 1. 国家、城市 2. 景点 3. 考察地点	

续表

项目	思考问题	请罗列	预计孩子可做什么
旅游方案	需要提前准备的资料	1. 目的地的相关信息介绍 2. 交通行程安排及预计的时长 3. 酒店信息 4. 行程安排表 5. 购买门票的时长	
	安全管理事项	1. 景点风险 2. 交通风险 3. 家人走失预案 4. 住宿点是否有安全隐患 5. 当地报警电话 6. 目的地存在的消费陷阱	
旅游费用预算	交通		
	门票		
	餐饮		
	礼物		
	其他		

续表

项目	思考问题	请罗列	预计孩子可做什么
具体工作	信息收集	目的地信息收集（含语言、习俗、餐饮、人文、地理、天气、注意事项、厕所标识等）	
		景点相关信息	
	方案制订	行程方案设计	
		行程单（含各段行程的时间）	
		天气查询及准备	
		行程转场及准备	
	物品管理	药品	
		洗漱物品	
		证件	
		安全防护用品	
		翻译软件	
		地图（电子或纸质）	
		网络	
		完成物品清单	
	日常管理	办理交通手续	
		证件管理	
		行程物品管理	
	财务管理	餐费管理（含点餐及结算、开票）	
		每日费用结算	
		购买门票	
		租车预订	
		酒店预订及管理	
		机票 / 车票购买	
		礼品选择及采购	
		完成财务预算表	

2. 让孩子认领工作任务

根据孩子的年龄和能力，家长要让他们承担不同的任务，根据孩子的成长逐步进行任务设计，让孩子有更多的财商锻炼机会，帮助孩子提升以下能力。

（1）职责梳理和任务分配，这是领导力的基础。

家长和孩子共同讨论旅游中涉及的任务和岗位职责，让每个家庭成员都承担相应的职责，让孩子选择自己可以完成的任务。

（2）行程设计及管理能力。

通过完成旅游项目的工作，孩子可以了解行程中的景点、城市及其相关信息，根据目的地和相关信息，预估可能存在的风险并提出应对方法，形成可执行的有效旅游方案。

年龄小的孩子，负责完成局部的小项目，初中及以上的孩子可以胜任大部分项目。

（3）信息搜集及分析能力。

家长让孩子了解当地的酒店、餐饮、娱乐、交通等方面的价格信息，识别正规的信息渠道，学习网络信息搜集、甄别、分析的技巧。

（4）财务规划。

家长和孩子一起完成旅游的项目预算，让孩子逐步掌握财务预算技巧。

如果孩子的能力及条件允许，家长可以让孩子负责购买门票、食物等事项，使他们充分了解物价信息。

（5）风险管理。

家长要让孩子掌握求救的方式、自我保护的方法，包括如何与陌生人交流、如何识别社会陷阱等，这些都是孩子必须学习的社会生存技巧。

培养方案 13：利用生日聚会培养孩子财商项目管理能力

适用人群：7 岁以上孩子的家长

培养方法：举办生日聚会

让孩子作为主人举办生日聚会，是培养孩子财商的好机会。期待举办聚会的孩子，往往拥有开放式的心态，很容易接受来自父母的建议。

1. 让孩子自行完成聚会预算

我们可以让孩子独立填写表 9。

表 9 聚会预算表

聚会人数（人）：

人均费用（元）：

聚会项目	预计项目费用（元）	特殊需求
主食		
饮料		
甜点		
交通		
物料		
娱乐		

总费用（元）：

2. 和孩子讨论实现预算表中的项目的最优方式

如果孩子第一次举办聚会，我们可以告诉孩子，哪些渠道能够找到聚餐的优惠券，如何买礼物会更划算，聚会中应该注意哪些规则等，让孩子一步步掌握生活的智慧。

3. 确定聚餐方式

外出吃饭是否划算？我们要让孩子做对比。

接下来，我们和孩子玩“猜价格”的游戏：自己做饭要花多少钱？出去吃饭要花多少钱？

以吃火锅为例，我们让孩子带着大家去火锅店吃，统计吃了什么菜，花了多少钱，接下来陪着孩子去菜市场买同样多的菜品，算一算要花多少钱，并完成表 10。

表 10 外出吃饭和在家吃饭的费用对比表

对比项目	外出吃饭的费用（元）	在家吃饭的费用（元）	差额（元）
食物			
交通			
其他			

我们让孩子计算出外出就餐和在家做饭吃所花费用之间的差额，就两者之间的差额和孩子讨论：是什么造成了两者之间的差额？这一顿饭火锅店的利润大概有多少？在家做饭吃节约下来的钱可以用来做什么？

同时，我们可以让孩子谈谈外出就餐和在家做饭吃各自的优势和劣势。

4. 举办聚会

我们可以让孩子制订聚会举办计划并实施该计划。

培养方案 14：买衣服时，让孩子学会服装预算管理

适用人群：5 岁以上孩子的家长

培养方法：

1. 了解孩子购买衣服的需求

我们可以向孩子提出以下问题："你为什么想买这件衣服呢？""有没有其他衣服可以代替？""这件衣服的价格是否合适？""这件衣服是不是在预算范围之内？"……

2. 让孩子学会做预算和挑衣服

我们应养成做家庭年度消费计划的习惯，并和孩子沟通他的服装年度预算，从内衣、袜子到外套，让孩子清晰完整地了解自己的服装状况。

刚开始，在孩子尚不理解的情况下，我们可以带着孩子走到他的衣柜前，和他一起做一次衣柜大清理，让孩子把服装分成可以穿的和要淘汰的（我们要告诉孩子服装淘汰的规则，如小了、破了等）。

我们按照孩子习惯的方式，把要淘汰的服装进行分类，清点数量，再和孩子沟通服装补充的数量、征询孩子对服装的要求，一起查询价格，最后让孩子整理出年度服装预算清单，详见表 11。

表 11 年度服装预算清单

种类	需求数量	单价（元）	小计（元）

培养方案15：让孩子远离骗局

适用人群：小学阶段以上的孩子的家长

培养方法：

1. 树立法律意识

我们可以根据孩子的年龄，让他看他能理解的法律新闻。

当看到拐卖、诈骗、偷窃、抢劫等新闻时，我们可以引导孩子采用角色代入法来思考，和他讨论新闻事件。

比如，我们可以问孩子“如果你是受害者，你会怎么做？”引导孩子从他的知识体系中，提出解决方案。

把常规的自救知识植入讨论中，是让孩子记住常规的自救知识的有效方式之一。比如，根据电线杆的编号确定地理位置、向警察求救的方法、常用的急救电话等，我们要尽可能地避免孩子因说教而产生抵触情绪。

2. 让孩子学会用正常的经济规律识别骗局

我们可以带孩子去银行或者浏览银行网站，让孩子看看银行理财产品的常规收益率。

我们可以和孩子讨论新闻中出现的金融骗局。

我们还可以和孩子讨论超出正常收益的投资理财项目的特点。我们要让孩子明白，如果正常的投资理财项目的回报率是10%，面对承诺能够获得20%回报的项目时，他就应该深思：如此好的事情，为什么会轮到我的头上？

3. 告诉孩子，一定要做好日常自我保护措施

（1）别泄露个人信息给非官方渠道。

（2）必须提交身份证件复印件等信息时，要特别标注“仅限于×××用途，复印无效”的字样。

（3）对各种社交网站主动添加好友的人员保持谨慎。

（4）别在无资质的金融渠道购买理财产品。

（5）远离高利贷。

（6）别贪小便宜。

（7）远离有不良嗜好的人。

赚钱能力的培养

培养方案 16：建立劳动和价值的概念

适用人群：6 岁以上孩子的家长

培养方法：猜工资

我们可以和孩子大大方方地谈自己的劳动报酬，让孩子理解劳动的价值。

我们可以和孩子玩猜工资的财商游戏。

做家务时，我们可以和孩子一起了解保洁工作的工资行情，看看不同薪酬的保洁人员的工作要求，再来和孩子谈家务标准，谈价格，让孩子清楚岗位和工作的评估标准。

随着孩子年龄的增长，我们可以有意识地让孩子接触更多工作，如助理、设计、资料分析、宴会准备、管理生活费等工作，这是孩子了解不同职业的有效途径。

每次在进行猜工资的游戏时，我们最好和孩子计算出每小时的工资，再和孩子探讨为什么不同的工作每小时的工资有差异。

每小时的工资的计算公式：每小时的工资 = 月收入 ÷ 月工作天数 ÷ 每天工作小时数。

培养方案 17：让孩子做家务并获得报酬

适用人群：3 岁以上孩子的家长

培养方法：孩子做家务，家长给费用

我们可以和孩子进行关于不同年龄的孩子该承担哪些家务义务的沟通，要明确地告诉他做哪些家务是义务的，义务部分不付费；做超过义务范围的家务，可以得到相应的奖励，慢慢帮助孩子树立“我是家庭的一分子，应该主动付出”的意识。

孩子做家务前，我们要明确地告诉他对等的责、权、利。

责任：每个人都是家庭的一分子，应当担负相应的家务。根据年龄差异，孩子也要承担自己这个年龄段内力所能及的家务。

权利：孩子完成家务后，可以享受什么样的支配权。

利益：孩子完成家务后可以获得什么样的奖励。

家务责、权、利分配操作技巧如下：

提前准备：家长根据孩子的情况，建立不同年龄段的家务责、权、利对应表，见表 12。

表 12 孩子家务分配表

年龄（岁）	个人部分	公共部分	责任	权利	利益
3	整理玩具	整理桌子	家长需要提出孩子理解的标准，让孩子按要求完成	自行商量	义务内免费，超龄项目付费
4	整理书架、选衣服、穿衣服、洗杯子（含3岁以上）	擦桌子、倒垃圾（含3岁以上）			
5	整理房间（含4岁以上）	扫客厅、摆放碗筷、接待朋友（含4岁以上）			
6	洗袜子、内裤（含5岁以上）	取快递、买常规用品（含5岁以上）			
7	检查作业、准备上学物品（含6岁以上）	洗碗、准备聚会（含6岁以上）			

沟通的最佳时机：在具有特殊意义的时刻（新年和孩子的生日都是很好的时机），家长和孩子沟通家务分配情况。

注意事项如下：

（1）家长要准备孩子在不同年龄段需要义务完成的家务的清单，要用孩子可以接受的方式进行确定。比如，对幼龄段的孩子，家长尽量用图片方式进行确定；对初中以上的孩子，家长尽量用孩子认可的其他方式进行确定，避免让孩子因觉得幼稚而产生抵触情绪。

（2）责、权、利沟通。家长要界定义务家务的范围，沟通做超过义务范围部分的家务，孩子可以得到的奖励。随着孩子年龄的增长，家长要对责、权、利进行相应的调整。

这里家长需要特别注意的是，关于孩子没有完成义务家务的处罚，一定要提前和孩子约定好，双方达成一致后方可实施，千万不可单方面决定处罚方式；如果按约定应当对孩子进行处罚，家长要坚持按约定进行，不能因为心软而放弃。

方案第一次实施就出现执行不力或者讨价还价的情况，会让孩子对约定的权威性产生怀疑，为以后方案的执行带来隐患。

投资理财能力的培养

培养方案 18：让孩子从小开始投资理财

适用人群：小学阶段以上的孩子的家长

培养方法：投资理财实战

从孩子对数字有概念开始，我们就可以适当地让孩子进行投资理财实战。

实战前，我们先让孩子理解存款利息、投资的时间长度等方面的基本知识，和孩子一起计算投资理财的盈亏，让孩子建立投资理财的概念。如果孩子比较小，我们可以用他能理解的物品帮他理解。

（1）家长协助孩子设立银行账户，并存入钱。

（2）家长协助孩子开通基金等投资账户。

（3）家长和孩子一起收集银行投资理财的资料。

（4）家长和孩子一起选择合适的理财产品，认认真真地阅读产品介绍，了解该产品的收益、周期、交易结束的条件等内容，讨论该产品的优劣。

（5）家长和孩子选择合适的投资理财渠道后，让孩子进行投资理财实战，定期和孩子一起看投资的具体情况。

（6）家长每年和孩子一起盘点孩子的金库，让孩子建立财富概念。

创业能力的培养

培养方案 19：让孩子具有商业敏感度

适用人群：小学阶段以上的孩子的家长

培养方法：和孩子一起看新闻

新闻是对社会发展的“解读”，也是让孩子了解社会方方面面的重要信息渠道。

孩子看新闻能了解社会发展，了解不同层次的生活，也能了解不同职业的工作场景。从而，孩子能够慢慢学会识别隐藏在新闻里的有效信息，拥有敏锐的商业意识。

（1）我们可以选择和孩子一起观看经济、政治、科技、社会类的新闻节目，如《新闻联播》《经济半小时》《亚洲新闻》《国际新闻》等，每周留出固定的亲子看新闻的时间，和孩子边看边讨论。

（2）我们可以从某个热门事件入手，引导孩子谈论他的想法和建议，甚至是解决方案。

（3）我们可以引导孩子关注社会各方面的变化。比如，国家的“五年规划”的实施情况，人工智能科技的发展，新冠肺炎疫情影响下全球公司的变化等。我们可以提出“你怎么看这件事情？”等开放性问题，让孩子谈谈对新闻事件的看法，和孩子一起寻找新闻事件发生的前因后果，顺势把经济、政治、科技等方面的相关知识传递给孩子，增长孩子的见识，增强孩子的思辨能力。

我们可以和孩子讨论社会民生中常见的与生活息息相关的新闻，如菜价和肉价的变化、买房给年轻人带来的压力、现代人生活质量的变化、外卖生活、治病求助等，都是很好的话题，可以让孩子理解社会的多样化，增长生活的智慧。

（4）我们要让孩子对新闻产生浓厚的兴趣，可以采用多种形式进行讨论，甚至可以故意抛出一个反面观点和孩子辩论，搞家庭讨论会，让每个家庭成员都有机会发表意见。

培养方案 20：让孩子具备客户需求意识

适用人群：小学阶段以上的孩子的家长

培养方法：创业模拟讨论

1. 选择一款要卖的产品，问孩子："如果你是老板，你会怎么做？"

我们可以通过提出以下五个问题帮助孩子理解客户的需求。

（1）这个产品好在哪里？其缺点是什么？卖出它的机会在哪里？会面临哪些方面的竞争？

（2）这个产品要卖给哪些客户？

（3）目标客户的生活习惯、家庭结构、收入情况、消费能力是怎么样的？

（4）客户为什么会买这个产品？

（5）在哪里卖这个产品？

2. 让孩子多体验

我们可以带孩子去体验不同类型的产品，感受不同产品之间的差异，如手机、饮料、学习用品等。

我们让孩子分享选择某种产品的理由，是出于对产品设计、价格、便利性、实用性、趣味性的考虑还是有其他理由，并让孩子就如何改进会让该产品更有吸引力提出建议。

我们可以协助孩子做产品体验分析，见表 13。

表 13 产品体验对比表

产品	价格（元）	优点	缺点	外观	体验	其他

3. 让孩子参加专门的创业活动

（1）参加学校的学生公司社团。

（2）参加各地举办的商业活动大赛。

（3）参加培训机构举办的商业培训。

培养方案 21：培养孩子的利他思维

适用人群：小学阶段以上的孩子的家长

培养方法：观察、思考、讨论客户需要什么

利他思维的关键点在于“他”，首先要知道“他”是谁，我们找对客户才能有的放矢地寻找出对应的“利”。

我们可以通过以下几种方式帮助孩子学会思考客户是谁、客户需要什么。

（1）帮助孩子学会多观察。

我们可以常和孩子讨论生活中出现的变化，如火车票为什么越来越好买、高速公路上的收费站为什么越来越少、大家为什么喜欢通过电商买东西、打车为什么越来越方便、银行柜台的人为什么越来越少、人们缴费为什么越来越方便等。

我们可以让孩子想一想，可以设计怎样的产品或者服务，帮助哪部分人节约时间、金钱和精力。

（2）帮助孩子学会换位思考。

明确了“他”是谁之后，接下来孩子要思考提供什么样的“利”才能打动“他”，从对方的角度思考，“他”到底需要什么。

我们可以通过提问，让孩子从以下几个角度来思考这个问题：

“你这样做，对方能获得什么好处？”

“如果你提供了这些好处，对方就会买吗？”

“如果你是对方，你会为这些好处买单吗？”

（3）让孩子思考可以提供的价值。

我们可以问孩子可以提供什么价值来获得自己想要的。

“客户想要的，你有没有？”

“你可以从哪里获得这些价值？”

当孩子还不能为别人提供相应的价值时，我们可以和孩子讨论如何获得为别人提供价值的能力。

培养方案22：为孩子未来创业做准备

适用人群：小学阶段以上的孩子的家长

培养方法：

1. 让孩子观察商业变化

我们要让孩子学会观察生活中的消费行为，如生活中常见的买菜、外出就餐、旅游、看电影、买衣服、买学习用品、看病、养宠物等，进而了解商业的基本状态。

我们和孩子一起逛街时，可以让孩子观察沿街商家的生意好坏，并思考为什么有的商家生意好有的商家生意差。

街面上，哪种类型的店多，为什么？这也是孩子可以思考的问题。

看到店铺被转让或关闭，我们可以让孩子了解这是什么类型的店，思考发生这种变化的原因，是扩大店面搬走了，还是因经营不善关闭了，抑或是有其他原因？

我们去超市时，带着孩子观察别人买东西的习惯。比如，我们看到别人购买常见的奶、肉、油、蛋时，可以让孩子思考：为什么有的人会买贵的，有的人会买便宜的？买贵的东西的人多还是买便宜的东西的人多？

2. 让孩子了解商家赚钱的原理

我们要利用消费的时机，让孩子了解商家赚钱的原理。

比如，我们带孩子去吃饭，孩子点了一碗12元的牛肉面，我们可以和孩子讨论面的直接成本（面、牛肉、调料等的费用）和间接成本（人力成本、租金、装修费用、水电气费用等）是多少。我们再假设一碗面的利润是3元钱，面店一天卖出300碗面，让孩子估算面店一个月能赚多少钱。

举一反三，这种方式可以运用在了解服装店、电影院、药店、超市等常见业态的赚钱原理上。

随着孩子的长大，我们可以让孩子实现从简单计算利润向探讨如何降低成本、提升销量，再到思考如何根据自己的优势来创业的过渡。

3. 让孩子体验创业

体验创业是孩子理解商业知识的最好方式之一，也是孩子未来创业的前期准备。

在日常生活中，摆摊是最容易实现的一种创业体验项目。

我们可以和孩子一起坐下来，拿出笔和纸，为摆摊做准备，见表 14。

表 14 摆摊训练父母指导手册（“5W2H”的技巧 + 财商）

父母提问	问题对应知识点	准备（孩子记录，父母配合）
What： 这次摆摊，你想怎么做？ 你想赚多少钱？	项目思维 钱的概念	和孩子探讨本次任务的目标
Why： 如果要赚这么多钱， 你想卖什么呢？为什么？ 你觉得会有什么人来买？	产品知识 客户思维 市场意识	列出物品清单 及目标客户
Who： 摆摊会有哪些事情？ 谁来做这些事情呢？ 你需要我做什么事情吗？	全局思维 任务管理及分工	引导孩子列出所有可能任务，并一一分配人员
When： 什么时候开始准备物品呢？ 需要哪些物品，要准备多少？ 我们什么时候出发？	物资管理 时间管理	让孩子自己整理物料清单，引导孩子把每个任务做好时间安排
Where： 摆摊的地方在哪里？ 如果我们去早了，可以摆在哪里？ 如果我们去晚了，可以摆在哪里？	环境预判 风险管理	引导孩子思考可能存在的风险并考虑解决方案

续表

父母提问	问题对应知识点	准备（孩子记录，父母配合）
How： 如果没有人来买，你会怎么办呢？ 你的货摊怎么吸引更多人来看呢？ 你准备的货品不够怎么办？ 如果我们都起晚了，时间来不及怎么办呢？ 如果东西卖不出去，怎么办？ 以上问题结束后，可根据情况再问："还有没有更好的办法呢？"这对训练孩子的开放性思维更有帮助	风险管理 市场意识 商品管理	引导孩子思考如何应对存在的各种风险
How much： 每样东西，你准备卖多少钱？可以赚多少钱呢？ 你准备这些东西要多少钱？	成本意识 预算管理 盈利意识	引导孩子思考每样货品的成本、售价，为活动结束后复盘做准备

在摆摊的体验项目中，我们的角色是助理，任务是引导孩子大胆地说出他的想法，想法是否完美并不重要，重要的是让孩子思考。

当孩子确实不知道如何去做时，我们可以适当地给出建议，为孩子提供思路，但千万不要直接告诉孩子如何去做。

家长培养孩子发现问题和解决问题的能力，只是通过参加活动是无法完全实现的，还要经过活动复盘才可以。

活动结束后，请家长及时和孩子进行活动复盘，复盘应按以下步骤进行：

（1）你觉得本次活动怎么样？

（2）本次活动，你对自己最满意的地方是什么？

（3）如果下次再来参加活动，你觉得还要做什么准备结果会更好？

孩子要学会总结经验，找出改善方法，在复盘中成长。

爱的能力培养

培养方案 23：让孩子学会爱自己

适用人群：2 岁以上孩子的家长

培养方法：

我们要告诉孩子“爱自己”是指保护自己、照顾自己，自尊自爱、爱惜生命。

我们要让孩子明白，无论在什么情况下，都不要伤害自己，更不要让别人轻易地伤害自己，确保自己的安全是对自己的爱，只有好好地活着才有机会去爱别人。

1. 做力所能及的事情

家长要让孩子自己吃饭、穿衣、打扫卫生、管好自己的事情等。

2. 拥有健康的身体

家长要告诉孩子，身心健康地活着是对爱自己的人负责。孩子锻炼身体，不是为了中考的体育得分，也不是为了高考的加分，而是为了能够长久、幸福地陪伴家人，这才是对家人最大的爱。

培养方案 24：让孩子学会爱家人

适用人群：2 岁以上孩子的家长

培养方法：

家长要让孩子看到家人之间爱的表现，如相互牵挂、等候、拥抱、问候、探望和安慰等。

家长要充分利用家庭氛围让孩子树立帮助他人的意识。比如，家人生病的时候，家长可以让孩子端茶倒水；家人难过的时候，让孩子安慰家人；让孩子学做饭，做力所能及的家务；让孩子为疲惫的家人按摩；让孩子经常拥抱家人；经常带孩子探望亲人；在过节时，让孩子主动和亲人联系；让孩子学会等待全家人一起吃饭；让孩子学会和家长一起接待客人等。

培养方案 25：让孩子学会帮助他人

适用人群：2 岁以上孩子的家长

培养方法：

1. 不伤害别人

孩子小的时候，经常会和其他的孩子打闹，这是天性使然，孩子之间难免会产生矛盾和冲突。家长教育孩子能够做到不出口伤人、不出手打人、不刻意去孤立其他的孩子，就是在培养孩子对待他人最基本的爱。

2. 不影响他人

家长要告诉孩子注意在公众场合的个人行为，个人行为准则以不影响他人为基础。比如，看电影时说话要小声、在别人睡觉时动作要轻、在寝室里不乱扔脏衣服、在图书馆里要保持安静、看完图书馆的书要放回原处、乘坐交通工具时不吃有味道的东西、不乱丢垃圾、坐车主动排队等。

3. 帮助他人

家长要利用外部环境培养孩子帮助他人的意识。比如，家长可以鼓励孩子帮助老师做事情，看到同学没有带文具时给予帮助；运动会时为参加比赛的同学加油鼓劲；和同学外出游玩的时候多带一份吃的；在保证自身安全又力所能及的情况下，给迷路的人指路、给悲伤的人安慰；把不要的书籍、文具、衣物等捐给有需要的孩子；去看望福利院的孩子；参加一些专门为孩子举办的慈善活动；学会看到他人的优点，鼓励和赞扬他人；义卖、为特殊人群捐款；等等。

培养方案 26：让孩子学会热爱家乡，爱护环境

适用人群：2 岁以上孩子的家长

培养方法：

我们要鼓励孩子做公益；不乱丢垃圾、保护动物、减少垃圾袋的使用；不采公共场合的花，不踩草地；不随地吐痰；不在公共场合大声喧哗；乘坐扶梯时尽可能地留出一边的空间让其他人通行等。

我们还可以带孩子参观科技馆，让孩子了解科技的进步；给孩子介绍家乡的变化，让孩子看到中国发展的速度等。

培养方案 27：让孩子学会热爱生活

适用人群：2 岁以上孩子的家长

培养方法：

我们要让孩子去体会生活的美好。比如，我们可以鼓励孩子多看积极向上的书籍，多听努力追求梦想的人的故事，去看看那些身处困境但仍然不断努力的人的生活，感受大自然，保护小动物，多看看美丽的风景，培养至少一项兴趣爱好，坚持至少一项体育锻炼等。